你的天赋价值千万

刘津◎著

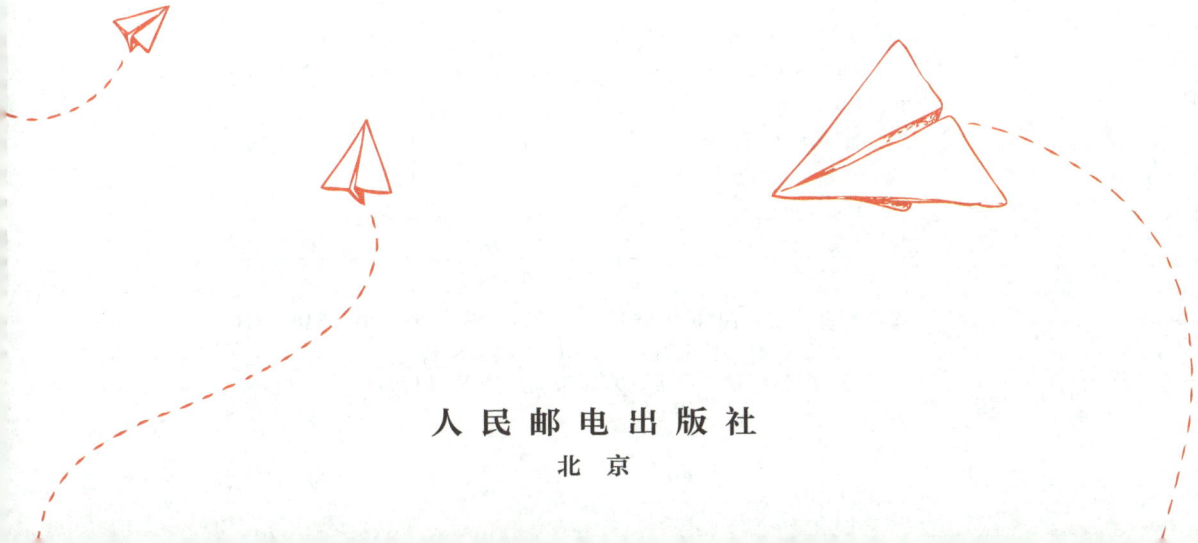

人民邮电出版社

北京

图书在版编目（CIP）数据

你的天赋价值千万 / 刘津著. -- 北京 ：人民邮电
出版社，2022.7（2024.4重印）
ISBN 978-7-115-57530-2

Ⅰ．①你… Ⅱ．①刘… Ⅲ．①成功心理－通俗读物
Ⅳ．①B848.4-49

中国版本图书馆CIP数据核字(2021)第201634号

内 容 提 要

　　作者通过本书总结复盘自己的真实经历和个人成长历程，与年轻人分享如何挖掘个人天赋并实现个人价值的持续增长，阐述了从感知时代变化、认识自我、挖掘个人天赋，到如何采取行动实现蜕变等内容。全书共 8 篇，分别是时代篇、认知篇、天赋篇、目标篇、定位篇、产品篇、变现篇和价值篇。作者把互联网产品运营的思路和个人成长理念相融合，既分享了个人的成长理念，又给出了一套可行的实操方法，帮助读者不断培养学习力、行动力、分享力和营销力四大通用能力，从而帮助读者活出自由。

　　本书适合希望重新认识自己，了解自己的优势，唤醒自己的潜能的读者。

◆ 著　　　　刘　津

　　责任编辑　赵祥妮

　　责任印制　王　郁　陈　犇

◆ 人民邮电出版社出版发行　　北京市丰台区成寿寺路 11 号

　　邮编　100164　　电子邮件　315@ptpress.com.cn

　　网址　https://www.ptpress.com.cn

　　北京天宇星印刷厂印刷

◆ 开本：720×960　1/16

　　印张：12.5　　　　　　　　　2022 年 7 月第 1 版

　　字数：208 千字　　　　　　　2024 年 4 月北京第 3 次印刷

定价：59.90 元

读者服务热线：(010)81055410　印装质量热线：(010)81055316
反盗版热线：(010)81055315
广告经营许可证：京东市监广登字 20170147 号

把产品当作人来对待，把人当作产品来打造。

为什么写这本书

这是我个人的第五本书，前作分别是《破茧成蝶》《破茧成蝶 2》《生命蓝图》和《人人都是增长官》，从书名可以看出，它们都和成长有关。每隔一段时间记录一下自己的成长经历，并从中总结一些规律和方法来分享给更多人，这似乎已经成了我的习惯。

和很多人一样，对我来说，天赋一直是一件十分遥远的事情。学生时代，我的心愿就是考上一所好学校；毕业了，我的心愿是进名企、做总监。当这些愿望都达成的时候，我发现我并不快乐。随着年龄的增长，行业环境越来越严峻，我的工作压力也越来越大，薪资却增长得越来越慢，个人成长也陷入了瓶颈。有一段时间，我每天上班心情都很沉重，感觉上班是在无意义地消耗自己，再也没有激动的心情和对梦想的渴望，不知道下一站应该去向哪里。可是除了日复一日地做着熟悉的工作，一个普普通通的我还能做一些什么呢？我完全失去了方向和目标，这个时候我才开始反思，到底什么是我真正想要的。

几年前我开始接触心理、疗愈、心灵成长等方面的知识，我看了大量的书籍、听了很多的课程，并时常自我反思，慢慢对人生有了新的理解。在写第三本书《生命蓝图》的时候，我跟着直觉写下自己的目标"10 年内帮助 100 万人找到天赋"。之后，我仿佛在"自动"按照书中的"指引"一步步前行，目标逐一开始实现。

首先，我开启了一对一天赋咨询服务，想看看能否通过这种形式帮助大家找到天赋。在咨询的过程中，我发现自己居然真的有这方面的天赋，在短时间内就可以感知到来访者的"天赋模式"，并且给予对方很多充满创意的指引，这常常让对方惊喜万分。

其次，我试图把在咨询过程中找到的规律变成通用课程教给更多人。我先试着开设了 3 小时的线下工作坊，遗憾的是效果并不好，但是我没有放弃，不断地修改内容。经历了两次失败后，第三次我终于成功了，帮在场参与的 7 个人找到了天赋或未来可行的方向。

但是线下工作坊的效率太低了，于是我又对课程内容进行了大幅更新，开设了 21 天线上训练营，没想到大获成功。21 天线上训练营的效果比一对一咨询的效果更好，有些已经找我咨询过的客户在训练营中又发掘出了自己更多的天赋，并开启了新的人生旅程。

很多人纳闷：你之前不是做互联网的吗？怎么突然跨界做"天赋变现"了？这两个工作都不挨边啊，你在这方面有什么优势呢？

其实我现在能做好天赋变现这个主题，正得益于我多年的互联网从业经验。我从体验设计跨界到产品设计，之后又跨界到增长领域。2019 年写完增长专栏后，我赫然发现这些思想理念和个人成长非常类似：如果想让一个产品在市场中脱颖而出，需要结合已有资源、产品特点，在市场中"摸爬滚打"后逐渐找到方向、明确差异化竞争优势，再通过长期运营来改善客户体验、赢得客户的欢心，最终才能获取商业价值。

而个人也是这样，要结合自己的特质，通过不断实践找到适合自己的方向，通过经验的积累逐渐明确自己的竞争优势，再通过长期的试错迭代获取个人价值和成就。

所以我只要把部分互联网从业经验移植到个人身上就可以了，也就是把个人当作产品来打造，再结合之前写书、做咨询服务积累的天赋挖掘经验，就可以打造出一套完整的天赋课程帮助个人成长。

通过 4 期的线上训练营实践，我的想法得到了充分的验证。有的学员说这 21 天简直是"脱胎换骨"，整个人仿佛打通了"任督二脉"，各种灵感源源不绝地涌现，创作力成倍地增长；还有的人快速变现，赚到了主业之外的第一桶金。各种好评更是数不胜数，有的人向我表示，"很久没有得到这么多正能量了，感觉自己正慢慢从低潮期走出来"；有的人激动地对我说："我真后悔没有早几年接触这个课程，白白蹉跎那么多年。"还有人表示："遇到你是我今生最大的幸运！"

而我自己在这个过程中也获得了彻底的改变，我发现原来人生不是只有工作，还可以有更多的可能。我在做第一期训练营的时候，辞去了公司总监的职位，放弃高薪和股票，成为一名自由职业者。以前我一想到上班就昏昏沉沉、无精打采，但自从从事自由职业后，我每天都像打了鸡血一样精神抖擞。近年，很多人对未来更加担忧，害怕生活更加不稳定，我却放下了诸多恐惧，用自由玩乐的心态面对生活的严肃，过上了自己想要的生活。这是一贯循规蹈矩的我完全不敢想象的。

学员和我自己的变化，让我越来越坚信，每个人身上都藏有天赋，只是需要一定的方法和技巧"唤醒"它们，更需要勇气和坚持去实践。这也让我对自己的内容越来越有信心。

在这本书里，不仅有挖掘天赋、实现个人成长的方法，还有从天赋到变现的实战经验，以及我所有的心路历程。

一个出版行业的朋友听说了我的经历，看了我的课程内容后对我说："你这些内容对我太有帮助了，我决定帮你把线上课程内容完善成书，帮助更多的人。现在有很多人对未来感到迷茫困惑，还有很多人面临失业，你这本书对于读者来说就好像久旱后的甘露，来得正是时候，这将是一本非常有价值的书。"

在这么多人的鼓励下，我决定把线上训练营的内容完善成书，和更多人分享。

这本书可以帮助你重新认识自己，了解自己的优势，唤醒自己的潜能，创造更多"心流"时刻，成就自我；可以帮助你找到前行的方向、增加变现渠道；还可以帮助你重新规划人生，使你不会在激烈的竞争中焦虑，而是在天赋和创造中自信满满。

刘津

2022 年 5 月

目录 | CONTENTS

时代篇：跟随环境变化一路打怪升级 ·········· **001**

行业发展现状 ·········· 002

三大时代趋势 ·········· 003

找到可持续发展的道路 ·········· 006

从"副业"到"复业" ·········· 008

认知篇：在焦虑丛生的当下活出自由 ·········· **017**

获得身心自由的钥匙 ·········· 018

认识自己，从认识天赋开始 ·········· 019

先天赋，后天造 ·········· 026

看不见的天赋如何影响看得见的生活 ·········· 030

跨越从兴趣到天赋、再到变现的鸿沟 ·········· 036

天赋篇：360 度创意挖掘天赋 ·········· **040**

通过过去找到成功规律 ·········· 041

通过现在定位差异特征 ·········· 044

通过未来找到行动方向 ·········· 052

按时间线"组装"天赋 ·········· 062

目标篇：聚焦梦想加速实现 ·········· **066**

梦想、天赋与目标 ·········· 067

找到你的"梦想北极星" ·········· 072

定位篇：多维定位 + 变现公式 ·········· **078**

天赋和变现之间的桥梁 ·········· 079

独特定位三步法 ·· 083

打造个人品牌 ·· 090

产品篇：用行动让你遍地开花 ············· 109

如何规划产品 ·· 110

最小可行产品 ·· 118

变现篇：从零开始的蜕变之路 ············· 127

如何赚取第一桶金 ······································ 128

稳扎稳打，逐步涨价 ··································· 135

价值篇：个人成就指数级上升 ············· 147

用能力扩充生命赛道 ··································· 149

个人价值持续增长三要素 ····························· 154

十年树木，百年树人 ··································· 159

附录：我的副业变现故事 ··················· 162

从产生兴趣到偶尔变现 ································· 164

从偶尔变现到持续变现 ································· 166

从持续变现到持续突破 ································· 173

过关斩将一路腾飞 ······································ 184

后记：一念之转，未来可期 ··················· 187

时代篇：
跟随环境变化一路打怪升级

你有没有感觉到，这几年大环境发生了很多变化。越来越多的人开始思考自己的人生，觉得不能再庸庸碌碌下去了，应该再学点东西，或者要好好规划一下未来。

2020 年上半年，我在工作之余接待了近百位来访者。通过一对一咨询，我发现他们的问题大体上分为以下几种。

"我工作 10 多年了，不喜欢现在的工作，又不知道未来能做点什么。"

"我 30 多岁了还没进入公司管理层，专业能力也不拔尖，以后还有出路吗？"

"我想做自己喜欢的事情，但是觉得不现实，工作又赚不到什么钱。"

"我应该换工作还是换行业？"

"我失业了，工作不好找，又没有副业。"

……

行业发展现状

为什么会出现这么多迷茫的人？一方面是因为大家往往更重视学习技能而不是规划，另一方面和大环境的变化密不可分。

我在互联网行业工作了 10 年，在这 10 年里，我深刻地体会到了行业的快速变化。以前大家都认为互联网行业发展快、收入高，但事实上从 2015 年开始，互联网行业明显呈现"下滑"趋势。当然不是真的下滑，而是行业越来越规范，越来越不容易"投机"了。我看到无数试图"圈钱"的互联网企业纷纷倒闭，无数没有价值的项目宣告结束。由于一二线市场趋近饱和，互联网企业不得不开始探索新的增长机会，比如企业市场、下沉市场、海外市场等。

在这个过程中，互联网企业经历风雨飘摇，员工也在一波波裁员中不得不寻找新的出路。这个时候大家才突然意识到：原来再大的企业也没有什么铁饭碗，如果没有特别过人之处，大多数人可能过了 30 岁，就有被年轻人顶替的危险。

实际上，互联网行业的发展变化并不突然，早在几年前，就有"大佬"提出了"互联网下半场"的概念，也就是说人口红利逐渐消失，表现如下图所示。2015 年以后中国的 15 ~ 64 岁人口占比接续下降，因此竞争会越来越激烈，企业盈利也会变得越发艰难。从那时候起，业界开始流行一个新名词——增长，但是这只引起了小部分人的注意，大部分人依然觉得这和自己关系不大。

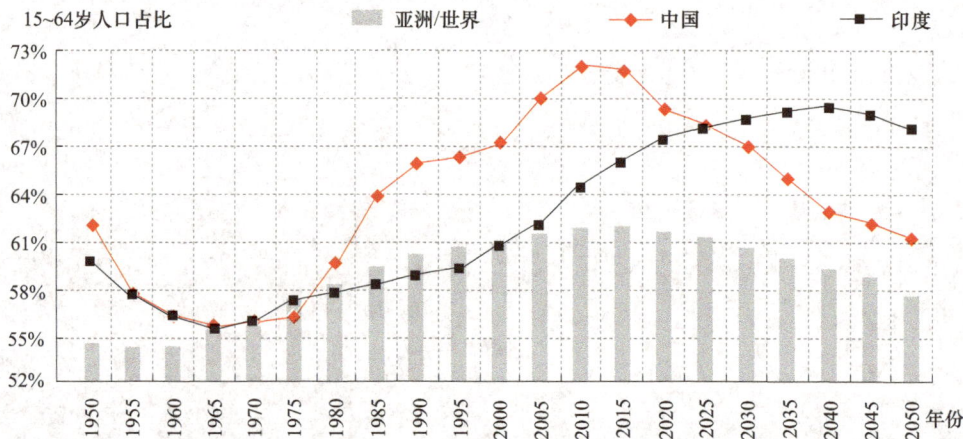

到了 2019 年的"裁员潮"，很多人还是没有觉醒，只是想着赶紧找份新工作。直到 2020 年，大家连续几个月被"关"在家里，在焦躁无聊中才开始对环境变化有所觉察，焦虑未来到底应该怎样应对。

其实，这个情况不仅出现在互联网行业，其他行业同样如此，毕竟人口红利逐渐消失是不分行业的。况且无论在什么行业，你的工作技能很难永远直线上升。而且你的年龄在增加、体力在下降，在金钱方面的收入会逐渐低于支出，同时生活琐事也占据了你越来越多的时间和精力。所以对于大部分企业来说，用年轻人还是用有经验的"老人"，哪个更具性价比，结果一目了然。

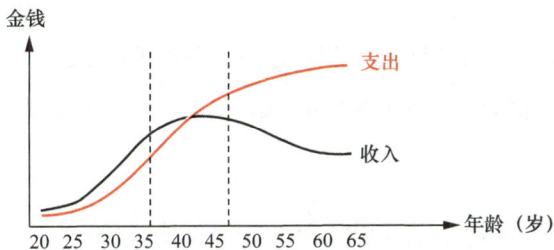

所以如果你只有一个稳定的收入来源，也就相当于把所有鸡蛋都放在一个篮子里，那么你的收入其实是持续负增长的，这种表面的"稳定"反而是危险的。

三大时代趋势

那么 30 岁以上的职场人就没有机会了吗？当然不是，分析一下最近几十年的环境变化，我们可以发现明显的时代趋势，这些趋势为我们指明了未来的方向。

自由：从"体制内"到"斜杠青年"

首先是越来越自由。当然，自由的背后，意味着你需要有独立自主的能力。不是所有人都能担得起"自由"这两个字。

想想咱们的父母，毕业以后就被分配到某一公司里工作，不需要自己找工作，而且工作特别稳定，一干就是一辈子。房子也不用操心，公司一般会负责分配。

现在呢？我们毕业以后需要自己找工作，虽然待遇比父母那时候好多了，但是需要自己租房或者买房，那都是一笔不小的支出。凡事都有两面性，这样的坏处是生活没有以前那么稳定了，要靠自己奋斗；好处是我们更加自由，可以选择自己喜欢的公司和工作，自行决定什么时候换工作、换什么样的工作。

当然，大部分人还是倾向于寻求稳定的生活，太多的人把进入知名企业作为自己的目标，以为进去就能稳定发展了，可以一辈子吃穿不愁。然而现实是无情的，"自由"的趋势只会越来越明显，而不会回退。现在即便是银行、大型企业，也不能保证绝对的稳定。

所以现在各种降薪、裁员的新闻屡见不鲜，其实这给大家提了个醒：未来考验的是个人综合能力和与时俱进的能力，不要再指望哪个单位可以让你待一辈子。跟不上时代的步伐，你就会被时代淘汰。

大概是从 2018 年开始，"斜杠青年"这个词火了，紧接着是"副业赚钱"。有调查显示，到 2019 年，全国斜杠青年规模已突破 8 000 万。智联招聘《2019 职场人年中盘点报告》数据显示：约有 8.2% 的职场人拥有斜杠收入。而到了 2020 年，越来越多的平台开始开设副业方面的课程，短视频、直播领域也涌现出大量和副业相关的知名用户。说 2020 年开启了"全民副业潮"毫不为过。

通过百度指数也可以看出来，从 2018 年开始，"副业"这个词一下子变得有多火。

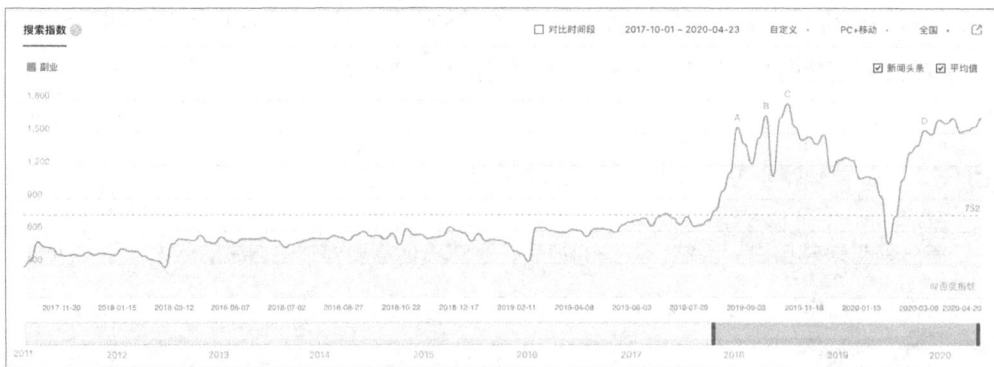

透明：从 Service B 到 Service C

除了越来越自由外，我们的工作和生活也变得越来越透明。

想想以前，我们买东西要去商场，想买哪个东西只能跟柜台的售货员说，价格也需要问对方。但是现在，我们不仅可以逛超市随意选购明码标价的商品，还可以在网上同时货比多家，挑选到称心的商品。

以前我们想看一本书，必须要等待出版社走完漫长的出版流程；而现在我们看网络小说，能够看到作者几分钟前更新的内容。

以前我们想看到明星，必须等电视台播放剧集或者广告才行；而现在通过直播软件我们不仅可以随时看到明星，还可以跟他们互动……

这样的例子实在是不胜枚举。没有了各种中间环节带来的信息阻隔，我们的生活变得越来越方便、越来越高效。

而在信息越来越透明、平台越来越健全的情况下，个人未必要依附于固定的机构，借助平台或者自媒体就可以直接创造价值。未来更多的是个体与个体的价值交换，企业可以做的更多是助力二者间的沟通交流，或者服务于垂直、专业领域。

可以说，未来，每个人自己就是一家公司，个体的价值会被无限放大，"个体经济"时代即将来临！

当然，这不是说我们都要自己开公司，而是说我们有足够自由的空间经营自己并拥有多种机会，不必终生依附于一个固定的机构而不敢轻易离开。

价值：从被动消耗到主动创造

想想我们在公司里上班时，有多少时间是被"闲耗"的？开无聊的会议、写冗长的汇报、无止境的等待……我身边有太多人跟我说：真的不想上班，做的都是些没有价值的事情，但是又不敢离开，因为还有房贷要还，有孩子要抚养。

在这种情况下，越来越多有想法、有能力的人开始逐渐逃离。以前有人下海经商，现在有人做多元化的副业或自由职业。**在"个体经济"时代，你创造了多少价值，就有多少收益**，非常公平。你不必再受某家公司的制约；相反，你可以同时和多家公司产生合作关系，发挥更大价值。

"自由"和"透明"意味着我们可以通过弹性伸缩来创造价值。以前，我们受到环境和公司的影响，只能困在一个"小格子"里发挥极其有限的价值；现在，没有了这层束缚，我们可以在广袤的环境里不断历练、不断成长，这是新时代带来的机遇！

面对新的变化，我们每个人都可以做出自由的选择：是继续做着不喜欢的事情，听天由命、被动消耗自己；还是勇敢挑战自己，主动创造价值。既然这个时代让我们有机会多一个选择，那为什么不大胆尝试一下呢？

总之，时代在进步，各种限制越来越少，取而代之的是自由、创造、价值。我们终于可以从原先被"圈养"的状态中解放出来，成为独立自由的个体了。

找到可持续发展的道路

在这种变化下，个人需要如何改变自己以顺应时代的变化呢？首先我们需要有意识地提升自己的综合能力，其次还要尽早开始经营"副业"。

个人能力亟待全面升级

在多年前的"体制内"时代，很多人渴望有个"好背景"，希望进入理想的公司。但是现在机会变得越来越平等，我们唯有通过个人的勤奋努力和出众的综合能力才能争取到更好的工作机会。

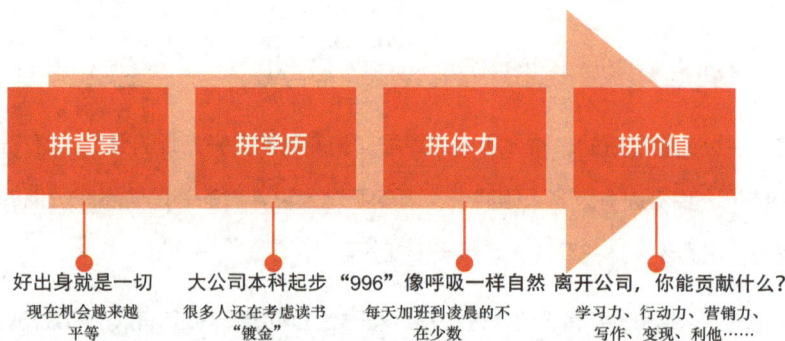

拼背景	拼学历	拼体力	拼价值
好出身就是一切	大公司本科起步	"996"像呼吸一样自然	离开公司，你能贡献什么？
现在机会越来越平等	很多人还在考虑读书"镀金"	每天加班到凌晨的不在少数	学习力、行动力、营销力、写作、变现、利他……

但是肯"拼命"的优秀人才实在是太多了，而优秀的公司和职位是有限的，因此很多公司把"学历"作为门槛，淘汰了大量教育背景一般的人。于是我们看到很多人即使已经工作了还在努力考研或者考工商管理硕工（MBA），以补足学历上的短板。

现在呢？似乎学历也不那么有用了，因为大家都去读书了，每年有大量应届毕业生找不到工作，而且形势一年比一年严峻。公司也更倾向于招聘有工作经验、能立刻进入工作角色的人。随着市场竞争越来越激烈，大家只好开始"拼"体力了。在互联网公司，每天晚上 9 点以后下班竟然是常态。

然而我们的青春是有限的，能"拼"体力的时间就那么几年。那体力"拼"到尽头又"拼"什么呢？"拼"价值。

个体经济时代的来临，要求我们思考这样一个问题：如果有一天你离开了公司，你的价值是什么？

面对这个问题，很多人真的迷茫了。对于大多数人来说，离开了公司，自己可能什么都不是。然而这个时代要求我们必须有能力独自经营，这才是给自己最大的保障。

这里说的"独自经营"，不是说你要离开公司独自创业，而是说无论你在哪里，都要有足够的竞争力。你不是只应用于某条产品流水线上的螺丝钉，而是能适应不同环境的通用零部件，是具备综合能力、能够独当一面、顺应时代发展的人才。这就要求我们不断地学习和成长，而不是止步于满足日常工作的需要。

有意识地经营副业

除了在职场中不断学习和成长外，我们还要有意识地经营副业，以抵御未来的风险。

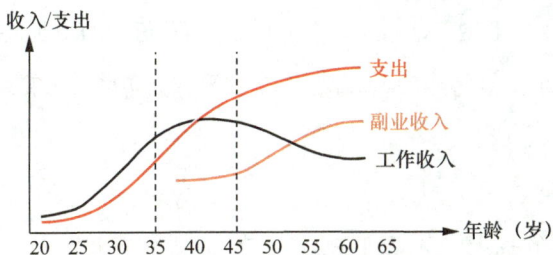

我们都知道，在公司里受限于公司文化、行业、业务、职务、组织结构等多种因素，并不是你有多少能力就能发挥出多少价值，在公司中，个人发展的天花板清晰可见。但是时间不等人，在巨大的限制面前，人和人的价值差异不会很明显，因此年龄越大竞争力越弱。副业却正好相反，靠的是经验和渠道的积累。

比如理财，大多都是越早投入越好。稍微学过一点理财知识的人都知道，时间带来的"复利"效应让人吃惊，差一年就可能相差十万八千里。

还有咨询服务行业，从业者的经验越丰富，积累的口碑越好，越受客户欢迎。类似的还有教师、培训师、医生、育儿专家、作家、销售人员等，这些职业都是经验越丰富越受客户欢迎。

接下来再说说渠道，经营副业需要积累资源和客户，不管你是做自媒体，还是和平台合作，或者找熟人推荐，都需要慢慢积累。举个例子，我身边有几个朋友，从五六年前开始做公众号，每天坚持更新文章（原创＋转载），目前已有数万粉丝，每个月广告收入有 1 万～ 2 万元。反观很多在某些领域非常专业的人士，一直坚持输出原创文章，但由于没能坚持，几年下来也没积累多少粉丝，更别提变现了。

因此，经营副业的人不一定要在某个领域多么专业，而是要尽早投入、持续积累，这样才能建立坚固的壁垒，从而无惧年龄与环境的变化，从容应对。

从"副业"到"复业"

这么看起来，好像做副业成了每个人必备的选择。可是我们既要在职场中培养全面的能力，又要做副业，哪有这么多时间和精力呢？其实大道至简，很多看似没有关联的东西，其底层逻辑都是相通的。主业做得好的人，往往副业也能做好；而副业做得好的人，主业一般也不会太差。这是因为无论是做主业还是副业，靠的都是通用能力的积累。

掌握四大通用能力

什么是通用能力呢？我认为它包含 4 种基本能力，分别是学习力、行动力、分享力、营销力。

当你拥有这几种能力以后，无论做什么都可以做得很好。四大通用能力就好像一个具有通用接口的 U 盘，插在什么硬件上都没有问题。

但如果你缺乏这几种能力，你便是一个螺丝钉，只能被安在特定的部件上，由于你是公司多年"定制化"的产物，一旦你老锈了，自然就被淘汰了。

然而很多人意识不到通用能力的重要性，只看到了别人做副业赚钱的表面现象，一味地寻找赚钱的"副业"类型，而且后来我发现，大部分人说的"副业"和我理解的"副业"完全不是一回事。

比如有一次我在副业主题的直播中提到通用能力，就有网友留言：我不想听这些，我就想知道都有哪些副业类型，什么副业类型适合我。

我直截了当地回答他："如果你既没有通用能力，也不了解自己的特点，那什么副业对你来说都是不合适的。你自己都不了解自己，不知道什么适合自己，别人怎么知道你适合什么呢？"

后来我才了解到，市面上有很多火爆的副业课程，就是把各种副业罗列出来，告诉你某个副业怎么赚钱，比如做微商、兼职、跑腿、写稿……很多人觉得这种课程超值，几十元就可以了解几百种副业，但是看了一圈还是不知道自己该做什么。

还有人建议说，现在不是行情不好吗，学 ×× 比较好接到"私活"，快来学习吧，然后推荐相关课程鼓励别人报名。

我的意思不是不能去学技能，而是现在各种技能课程实在太多了，并且它们都不讲解通用技能，学习这些东西只是在填补人的空虚焦虑而已。很多人跟我倾诉："我现在都'懵'了，看到各种课程，觉得自己都不会都应该学，但是时间和精力又有限，我该怎么办啊？"

这就是残酷的现实，如果你不知道自己适合什么，不知道自己的天赋所在，也不知道自

己想要什么，你就只能盲目地学习各种课程，花时间、花钱、花精力"陪跑"，最后依然没有任何竞争力，最多只能靠出卖体力和时间获得有限的收入，这相当于延长劳动时间提高收入而已，并没有产生什么质变。

也就是说，即便你已经意识到了做副业的重要性，但是如果你没有改变原有的思维，没有有意识地培养自己的通用能力，你依然无法逃脱可怕的"职场 30 岁定律"，还是会逐渐被市场淘汰。

所以解决问题的关键是如何可以不再依靠体力和时间赚钱，如何能够更聪明、更持久地创造价值以赚取收益。我们需要考虑的不是现在做什么能赚点小钱，而是未来的几年甚至几十年，我们能否活出自己想要的人生。

我想，看到这里，可能很多人更迷茫了：不是说做副业很重要吗？那现在到底应该怎么做？

做副业确实很重要，但是此"副业"非彼"副业"，为了让你更加明白我所阐述的内容，我认为有必要用一个词来代替"副业"，那就是"复业"。

我第一次听说"复业"这个词是通过我的一个朋友。当时我就觉得太妙了，"复业"这个词完全解释了我之前要费很多口舌才能解释清楚的概念。

"副业"这个词听起来更像是"主业"之外的一个营生，大家总以为它是除主业之外的事情，因此会烦恼如何平衡主业和副业。而"复业"这个词让我想到了理财中的"复利"概念，通过持续积累，构建出属于自己的庞大且独一无二的价值体系。

我自己走的路线，正是"复业"。所以当别人问我"副业"的相关问题时，我经常觉得摸不着头脑；而我自己讲"副业"时，也常常让人觉得文不对题。

下页图展示了我自己的"复业"之路。我毕业后从一个普通的互联网设计师做起，在工作过程中非常注重学习和总结，逐渐培养出了构建方法论的能力，然后出版了面向初学者的《破茧成蝶》；后来我不满足于只懂设计，开始学习产品方面的知识，结合原先的设计能力，形成了产品设计思维，并出版了《破茧成蝶 2》；然后我又用产品设计思维结合当时流行的增长思维，形成了原创的用户增长设计理念，和平台合作输出了 12 万字的增长专栏。这些过往的创新和业绩帮助我逐渐成长为一线互联网公司的总监，并入选"新中国成立 70 周年·中国用户体验设计 70 人"。

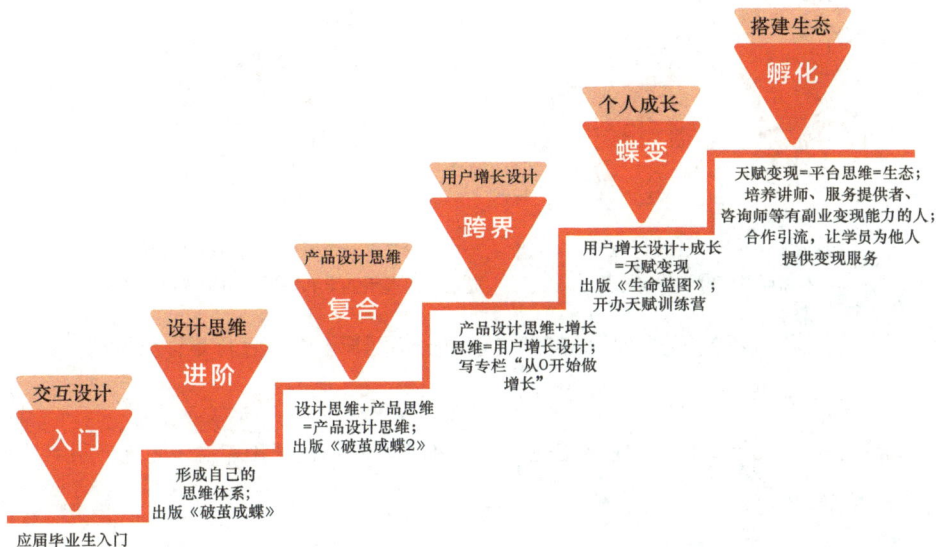

在写专栏的过程中，我发现其中很多"增长"思路和个人成长异曲同工，因此我结合自己多年的经验，写出了心灵成长图书《生命蓝图》，探讨构建人生剧本的底层逻辑和规律；写《生命蓝图》的过程又激发了我做咨询和天赋课的灵感，因此我开始学习个人成长教练课程并考取了国际认证教练资格，在 3 个月内积累了超过 100 个教练时数，并开设了天赋训练营。目前我的学员中有 1/3 完成了变现方案，这当中又有 1/3 的人在 2 个月内变现上万元。这之后就有了你们现在看到的这本书。

在做训练营的过程中，我又发现还可以充分利用平台思维进行教学，于是我创办了"天赋孵化器"项目，希望能够孵化更多可以靠天赋变现的自由职业者。

最近又有多家平台找到我寻求深度合作，希望我可以成为它们的固定讲师。与平台合作既可以共享利润，还能帮助我扩大影响力，解决了我更喜欢做内容但不喜欢营销自己的问题。

这就是"复业"思维，像滚雪球一样越滚越大，能带来远远超过出卖体力所获得的收益，把个人在单位时间内创造的价值最大化，并得到越来越多的机会。

副业不是东抓一个西抓一个，
不需要考虑时间如何分配

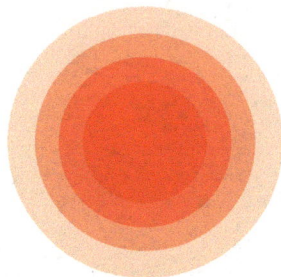

副业是以一个原点为核心逐渐外扩，
通过掌握通用能力和跨界学习形成核心竞争力

所以"副业"并不是很多人以为的那样东抓一个西抓一个，让你难以分配时间和精力；真正的"副业"实际上应该是"复业"：以一个原点为核心逐渐外扩，通过掌握通用能力和跨界学习形成核心竞争力。这足以让你在任何时刻都不再感到慌张和焦虑。而这个原点，就是你的个人特质和优势。

构建自己的"事业树"

如果你不太理解前面的内容，我可以做一个形象的比喻：如果把我们的事业比喻成一棵大树，那么表面上看到的诸多"副业"或"方向"就是这棵树上的枝叶，而"复业"是树干，支撑树干的则是你的个人特质和优势。

比如我在读研期间阅读了《现在，发现你的优势》和《从优秀到卓越》两本书，这两本书对我影响非常大。我明白了找工作要结合自己的兴趣、优势，还要选择能带来高收入的职位。于是我认真分析了一下自己的情况，发现自己喜欢做设计，逻辑思维、抽象思维能力强，而那个时候互联网行业的收入十分可观，于是我就坚定地选择了互联网交互设计师这个职业。由于专业不对口，我在经历了 8 个月的自学和不懈坚持后，终于找到了第一份相关的实习工作，在这份工作里我如鱼得水，充分发挥了自己的才能。就这样，我以"交互设计"职业为"抓手"，在这个行业里生根发芽、不断跨界，才有了今天的成果。

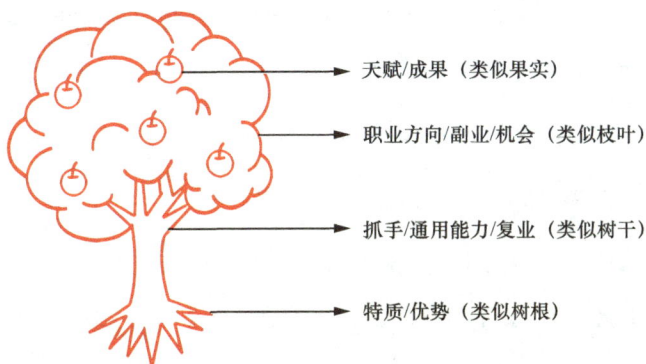

天赋/成果（类似果实）

职业方向/副业/机会（类似枝叶）

抓手/通用能力/复业（类似树干）

特质/优势（类似树根）

建议你现在就拿起纸笔，画出自己的"事业树"，一边画一边问自己：我的特质/优势是什么？我顺着这个方向，结合自己的兴趣或者职业并使之成为"抓手"了吗？我在有意识地培养学习力、行动力、分享力、营销力四大通用能力吗？经过多年的积累，我能跨界成为复合型人才，或拥有更多的机会吗？我是否十年如一日，一直做着"本职"工作，也没有什么进步呢？我现在"结出"天赋变现的"果实"了吗？"结出"了多少个？

如果你希望未来事业发展得好、希望生活无忧、希望人生顺利，你就要有意识地构建自己的这棵事业树。如果你既没有找到树根，也没有粗壮的树干，只是孤零零地挂靠在一个枝叶上，那又怎么经得起未来的大风大浪呢？

时间管理达人的秘籍

很多人问我是怎么管理时间和精力的，问我为什么又能做着互联网总监，又能产出这么多原创理念，还能到处讲课，还能写公众号文章，还能出书……我最夸张的时候，一年内在工作带娃之余写了 3 本书。

还有人对那些时间管理达人感到十分好奇，好奇他们怎么可以同时做这么多互不相干的事情。

虽然我并不了解其他人，但是我能感知到，大家的方法都差不多，都是把通用能力运用到极致，然后用其连接不同的兴趣爱好。这样，他们表面上看起来似乎做了很多互不相干的事情，其实这些互不相干的事情都是通用能力的无限延伸。

所以"复业"不同于"副业"，它并不会过度地消耗人的时间和精力，它会像树苗不断吸收大自然的阳光雨露一样茁壮成长，当长成参天大树后，自然就会枝繁叶茂，为你遮风挡雨。

"副业"也好，"复业"也罢，它们对我们的意义不仅仅是赚钱，而是提升我们人生的价值和幸福感，并滋养更多人。

最近我看到一个新闻，说国外一位 60 多岁的奶奶，卖了自己的房子，买了一辆房车，然后她开着这辆房车环游全国，拍下美丽的风景，靠着摄影赚取的收入维持生计并作为旅行费用。

这位奶奶说自己年轻的时候一直在努力还房贷，好不容易还完房贷自己也老了，想去的地方没有去，想做的事情没有做。对于别人来说，再不开始就老了；但是对于她来说，再不开始人生就要结束了。所以她义无反顾地卖掉了房子，过上了自己一直憧憬的生活。她说现在的人生才是她真正想要的，她后悔没有早点开始。虽然现在收入不高，但是她感到非常幸福。

她把自己开房车旅游的过程拍成视频上传到网上，在很短的时间内就获得了 100 多万个点赞，很多人被她的故事所鼓舞。她也给了我非常大的启发，以前我认为，热爱一件事情更容易做好它，然后就有机会得到比工作更高的收入，其实还是奔着赚钱去的。但是这位奶奶的人生经历告诉我：钱真的只是个数字，开不开心、幸不幸福、有没有体验自己真正想体验的，这才是最重要的。

这让我想起了自己的一段经历：我曾经在一家顶级的互联网公司工作过，因为不开心而离开，为此我放弃了很多股票，这些股票的价值放到现在看相当于我十年的收入，而我只要再多忍两年就能获得。很多人不理解我的做法，但我至今都不后悔。财富固然重要，但更重要的是自由选择的底气以及快乐的人生体验。

副业或复业也是如此，我们不断积累经验、提升自己，绝非仅仅为了赚更多的钱。这也并不是一本教你如何赚钱的书，而是帮助你拿回自由的权利，更好地成为自己。

探寻幸福人生的根源

想要通过"复业"获得源源不断的可持续的机会，让自己有更多的选择权，首先我们要找到适合自己的方向。因为在这个世界上，我们的选择太多了，如果不能了解自己，我们就会在各种选择中迷失。

就好像现在很多人活得非常辛苦，盲目地学习却越学越焦虑，就是因为没有养好大树的"根"，看着别人枝繁叶茂、果实累累干着急，殊不知那是因为别人的"树根"养得好，而这些东西，从表面是看不到的。

所以不要一味追求那些表面的东西，因为它们都是由我们看不见的东西决定的。而这个看不见的东西，就是我们的特质和优势。

遗憾的是，人们总是花很多时间去羡慕或追逐别人的"枝叶"或"果实"，却不知道要花时间了解自己，好好养自己的"树根"，结果本末倒置，耗费一生为他人的事业树贡献养料，却错过了自己的参天大树。

通过阅读后面的内容，你会逐渐找到自己的"根"，并通过日积月累地滋养它，使其茁壮成长，并为更多人赋能。

时代在进步，过去大家都想要"铁饭碗"，后来逐渐懂得要靠自己的实力在公司里打拼，现在又明白了要有自己的副业，最近又有了"复业"的理念。终有一天，大家看问题会越来越深刻，不再关注事物的表象，而是发现核心的规律，从天赋的角度规划、滋养和构建自己的事业树。希望那一天不会太迟到来。

时代篇：跟随环境变化一路打怪升级

你有没有感觉到，这几年大环境发生了很多变化。越来越多的人开始思考自己的人生，觉得不能再庸庸碌碌下去了，应该再学点东西，或者要好好规划一下未来。

扫码或扫描 AR
触发图看视频

认知篇：
在焦虑丛生的当下活出自由

在这个时代，我听到的最多的两个字就是"焦虑"——找不到工作的人在焦虑，正在找工作的人在焦虑，已经在工作的人依然在焦虑。然而还是有一群人活得非常洒脱快乐，不被焦虑所困扰，因为他们非常了解自己的特点，并能够把它们发挥到极致。可以说，**天赋是焦虑的解药，是获得身心自由的钥匙。**

获得身心自由的钥匙

我观察了很多互联网企业管理者以及创业者，发现他们虽然收入不低，但是压力大到令人难以想象，相比之下，基层员工过得可能还算舒服一些。但是如果你一直是基层员工，就会在未来遭遇"30 岁的瓶颈"，可谓进退两难。

与此同时，我还发现有一些人似乎活在了另一个世界里，他们不用上班打卡，做着喜欢的事情，而且还有收入，甚至收入不菲。这些人的经历为我打开了新的大门，让我知道，原来我可以和他们一样跳出现在的圈子，活出不一样的人生。

如何能变得像这些人一样呢？最快的方式就是拜师学艺。我看了他们的书，关注他们的短视频、公众号，上了他们的课，付费向他们一对一咨询……后来我发现，他们有以下这些共同点。

1. 他们都非常爱学习，特别舍得在学习上花钱和花时间，每年至少会花费 1/3 的时间、财富、精力在学习上。（学习力）

2. 他们的行动力非常强，不惧挑战，不怕别人的闲言碎语，想到了就会去做。（行动力）

3. 他们热爱分享，通过写作、讲课、创作等方式把自己的一技之长展现出来，分享就是他们的工作。（分享力）

4. 他们深谙营销之道，很多人都是销售出身。（营销力）

5. 他们会花很多时间来探索自己，非常清楚地知道自己的使命和方向，以及人生的长远目标。（认识自己的优势的能力）

前 4 点就是我前面提到的 4 个通用能力：学习力、行动力、分享力、营销力。但是这些能力的基础，也是最核心的，是认识自己的优势的能力，也就是我前面说的"树根"。

倘若没有认识自己的优势的能力，没有养好自己的"树根"，学再多做再多，也只是照猫画虎，无法形成自己独特的人格魅力，也就无法吸引用户为此埋单。这些老师的个性非常鲜明，每个人都很独特，受众群体、服务内容也都不一样，他们都有自己独一无二的竞争优势。

认识自己，从认识天赋开始

说到认识自己，有人可能会不以为意，觉得自己怎么可能不了解自己呢。然而你真的了解自己吗？

在我的天赋工作坊和线上课程里，我会要求学员们先写一段格式如下的自我介绍。

【名字／昵称】

【坐标】

【我的职业】

【我的兴趣／特长】

【最有成就感的事】

【我能为你提供什么】

【通过课程想要达到的目标】

但没想到的是，很多人在这里就被卡住了。

有的人说写不下去，头脑中一片空白，没有兴趣、没有特长、没有成就，也不知道能为别人提供什么……感觉自己特别失败。

有的人说，本来有东西可写，但是看到别人的自我介绍感觉别人特别厉害，一下子就不知道自己应该怎么写了。

还有的人问我，我最有成就感的事情是 ××，这个可以写吗？这样写对吗？

就这样，还没开始挖掘天赋，只是"热个身"而已，大家的"卡点"就全出来了。害怕比别人差，害怕写错，害怕被人嘲笑……总之就是害怕自己不够好。一说到天赋，大家更是纷纷摆手，说自己没有天赋。

不断地深挖下去，终于有的人松口了，说在学生时期感觉自己还是挺闪亮的，但是工作后觉得自己越来越平庸，越来越普通。其他人纷纷点头。

其实我们每个人都有闪亮的地方，只不过在日复一日的工作和生活中逐渐被掩盖了，因为比起培养"个性"，公司更倾向于"整齐"，尤其是大公司。公司就像一个巨大的机器，如果里面的零部件不统一、不整齐、不符合标准，那这个机器如何实现快速运转呢？

如果人生中除了工作和家长里短没有其他，那"天赋"自然就退化了，因为无处可施展。我们要做的，就是再把它"挖"出来。

在"挖"之前，我会告诉你真正的"天赋"是什么样子的，避免你把挖到的"宝石"当作普通的石头丢到一边，那样的话再怎么努力也挖不出来。

天赋不是你想的那样

一说到天赋，很多人会觉得有天赋的人必须要一鸣惊人、专业拔尖，或是有天生的神力。比如钢琴家、舞蹈家、名校毕业、吉尼斯世界纪录保持者……才算是有天赋的人。然后再看看自己，觉得自己只是个普通人，哪有什么天赋。

其实，天赋并不是你想的那样。

厉害的人才有天赋？ No！

天赋来源于特点，只要你有特点，就可能将其发展成天赋。我在 2020 年考取了 LUXX 国际认证分析师，LUXX 通过识别个体的 16 项内在基本需求，反映构成人行为的原动力。这 16 项内在基本需求是个体性格的一部分，基于个体差异，可以衍生出 2 万亿个不同的个性轮廓。

LUXX 已经有 200 多年的历史，它通过大量的数据统计分析，至今没有发现哪两个人的内在动机图谱是一致的。所以，"每个人都是独一无二的"并不是一句励志语，它是有科学根据的。而这份独特经过挖掘和培育，完全可以发展成天赋。

为什么这么说呢？举个例子，一个被认为患有儿童多动症的孩子也许是未来的舞蹈家，一个街头小混混经过培养可能成为一个拳击冠军，一个患有自闭症的儿童可能是未来的艺术家或者数学家……

可以说，你的所有特点，经过有意识的定向培养，都可能成为你未来竞争的利器，让你脱颖而出。

我最近在网上看到一个拿过很多演讲冠军的女孩讲自己的人生经历的视频。她说她小的时候喜欢看电视，她的妈妈不但没有反对她看电视，反而观察到了她和其他孩子看电视时的不同，发现她对广告、主题曲，对所有故事、语言都有特别强的记忆力和模仿能力。有一次，妈妈看到她在家里模仿小品演员，表演得惟妙惟肖，这个时候妈妈意识到自己的孩子在这方面可能有天赋，于是妈妈一直鼓励她在家尽情表演、讲故事，成了她最早的观众，树立了她在演讲方面的自信。

类似的例子还有很多，我们不必分辨自己的优点或者缺点，因为它们都是我们的特点。合理利用这些特点，它们就可能发展成为我们的天赋。

必须累积 10 000 小时？ No！

在《异类》一书里，作者格拉德威尔对社会中各行各业的成功人士进行了分析，得到了一个令人吃惊的结果：这些成功人士在成名前，就早早地在自己的领域里累积了 10 000 小时以上的练习时间，无一例外。

当然，并不是单纯的增加练习量就可以成功，还需要天时地利人和。比如你有机会比别人更早接触某个领域，你能坚持不懈地在这个领域发展……所以将特点发展成天赋一方面靠机遇，一方面也靠持之以恒练习。

这种说法虽然很有趣，但也让很多人深感绝望：他们认为自己没有那些成功人士的好运，再怎么努力也没用；同时自己已经是成年人了，错过了 10 000 小时的练习机会，真的是此生无望了。

可是你们想过吗？格拉德威尔分析的成功人士都是几十年前出生的人，那个时候的时代背景和现在完全不同。过去的资源和机会都非常有限，想要成功必然需要持续的积累和机遇。但是很显然，现在是一个物质和机会都空前繁多的时代，除了仍需要花费一定的时间探索天赋以外，过去的很多规则在现在可能已经不再适用了。

现在人们的工作压力越来越大、生活节奏越来越快、接触的信息越来越多，所以快餐式的文化或娱乐方式也有了一定的市场。我们看综艺节目、爆米花电影，仅仅是为了放松一下紧张的神经，只要节目够轻松、够有趣、够新奇、能解压，我们的视线就会被吸引。

这个时代让更多"草根"有机会在大众面前展示自己。随着分享的途径越来越多、分享的门槛越来越低，普通大众接收到的信息更加丰富。越来越多的人开始喜欢"小众"的偶像、书籍、旅游线路、表演等。

这是一个从"大众化"过渡到"个性化"的时代。这种大环境的变化，必然导致现在对"天赋"的要求和以前不同。

以前要足够专业的人才称得上"有天赋"，"天赋"的高标准令大众望洋兴叹；同时这种高标准也让大众有了出人头地、改变命运的盼头。现在，在这个越来越平等的时代，天赋不再意味着出人头地，而是充分活出自己的个性。

所以我们并不需要再像过去那样拼命在竞争中拔得头筹，才被别人认为那是天赋。只要我们在某个领域投入的时间和精力足够多，能做出自己的特色，那么它就可能成为我们的天赋。哪怕只是唱个歌、弹个琴、种个花、养个鸟、做个菜……只要有特点都能吸引到很多人。

我们也不一定只有一个天赋，我们可以有很多"不够专业"但是非常有特点的"天赋"。比如我在抖音上关注了一个既会弹古筝又会做汉服的博主；我还在 Keep 上关注了一个把每天的早餐做成童话书插图般的英语老师，同时她还是健身达人；我还关注了一个创业公司老板的公众号，她是两个孩子的妈妈，带孩子很有心得……他们都有数量非常可观的粉丝。

以前我们讲究"精专""杰出""无与伦比"，现在我们讲究"斜杠"（意思是有多重身份）"有趣""与众不同"。我们确实需要投注很多精力在探索天赋上，但并不需要与任何人比较。更何况当你在做喜欢的事情时，你根本不会觉得累，不知不觉间就会积累大量实践经验，让自己的能力日臻成熟。

所以要想有天赋，根本不需要有什么心理包袱，不要认为一切务必做到完美才能拿得出手，不要在意别人怎么想，勇敢地去做就好。

必须有资质证书？ No！

经常有学员问我："天赋我找到了，但是我觉得我不够专业，我是不是应该考个证？"我就会问他："你是不是一定要有证书才能从事这方面的事情？你之所以想考证，是因为对自己没信心，你完全可以现在就做起来，比如可以先在朋友圈告诉大家你想做这方面的事情。如果在做的过程中，你觉得有必要进行专业学习，那再考证也不迟，重要的是先行动起来。"

我身边就有这样的例子，有的心理咨询师一路读到博士学位，拥有各种各样的证书，却根本接不到单子；还有的心理咨询师出于兴趣"半路出家"，边做边学，不断积累实践经验，结果客户不断。

更何况，现在乃至未来会涌现出越来越多的新奇职业，这些职业根本无证可考，那你要怎么办呢？比如网络主播、社群运营、电竞选手、职业喂猫师等。

如果你能打破限制，你甚至可以根据自己的兴趣特长自创一个有趣的职业。但如果你一直停留在老旧的思维里，那就只能被动地等待平庸且竞争激烈的机会了。

只要你有想做的事情，不用担心做不好，立刻去做，做着做着你就会发现自己的潜能。不要等到以后，因为"以后"永远都是"以后"，不会有兑现的那天，真正存在的只有"现在"。

必须要吃足够多的苦？ No！

以前我们常说"头悬梁，锥刺股"，要想出人头地，就要把人生的全部精力集中在一件事上；吃得苦中苦，方为人上人；天将降大任于斯人也，必先苦其心志，劳其筋骨，饿其体肤……但是现在，如果你没有意识到时代的变化，那就只好继续吃一辈子苦了。

事实上，越是专业，就离大众越远，越是曲高和寡。我身边有不少朋友购买了一位全职妈妈的理财服务，其实这位全职妈妈没有任何理财方面的专业背景，但是她服务非常用心，而且有实实在在的经验和成绩，因此拥有一大批客户。相反，很多专业人士讲的各种术语让客户望而生畏，客户也因此不愿意与其接近。

因此，我们不要把目标锁定在"专业"上，而是要让自己和他人体会到乐趣和价值，这才是这个时代更大的意义。其实，发展"天赋"没有那么辛苦，它就是经过不断地探索和实践，在向他人提供价值的过程中找到真正的自己！

为了功成名就？ No！

不要以为自己的天赋一定会给你带来什么结果，一定会帮助你功成名就。

大导演李安在成名前一直在苦苦坚持，由太太一人养家；《哪吒》的导演饺子用"啃老"的方式坚持自己的动画梦想；丁俊晖的父母为了培养他更是卖掉了房子。

但我们不要因为这些极端的案例，就认为天赋都是这样"赌"出来的，不要以为"把宝都押在天赋上"，就一定能有结果。这样做，大部分人最后可能都会血本无归。

写到这里，我开始思考一个问题：如何区分天赋和执念？比如我以前看过一个选秀节目，某选手实力很一般，评委劝他改行。但是这个选手特别坚持，说做歌手是他的梦想，无论别人说什么他都不会放弃。

很多优秀的音乐人早些年也曾经在选秀比赛中被淘汰，但他们没有放弃，通过持续的努力成为了光彩夺目的明星。

所以在遇到挫折或困境时，是应该努力坚持，还是及时止损，我们如何判断呢？

回到前面说的，天赋的本质是探索自己的乐趣，所以如果真的喜欢，就不妨继续坚持下去；但同时要抱有最坏的打算，不执着于最后的结果，重要的是享受过程。毕竟天赋是为了帮助我们体验快乐和创造的，而不是追求功名利禄的筹码。只要想通这一点，大家就不会对天赋这种东西有执念了。

天赋的五大特征

前面我们说了天赋不是什么，现在我们再说说天赋可能是什么。

我认为天赋有五大特征，分别是"特别""热爱""创意""价值""行动"。

什么是"特别"呢？你可以问问自己以下两个问题。

大部分人都具备这个能力吗？

这个能力会让人羡慕或眼前一亮吗？

比如有人是"学霸"，有人长得好看，有人做饭很好吃，有人陪孩子的时候特别有耐心、从来不发脾气，甚至有人特别懒，所以不容易着急……这些都是特别之处，也都有可能引起他人的羡慕。

什么是"热爱"呢？你同样可以问问自己以下两个问题。

这件事令我快乐并有成就感吗？

如果没有收入，我是否还愿意去做这种事？

比如写作对我来说就是件很快乐、很有成就感的事情，因为写作可以帮我抒发情感、找到灵感、理清思路，这对我来说是一种享受，而且我坚持写了好几年公众号文章，我并不在乎它是否可以为我带来收入。

接下来是"创意"，你可以问问自己以下两个问题。

做这件事，我有什么不同的想法或创意？

为什么是我做这件事，而不是别人？

比如同样是写作，我可以把一件看起来很复杂或者很虚幻的东西写得很"接地气"，形成一套知识体系便于传播。因为我具有强大的逻辑思维能力和抽象思维能力，同时我具备同理心，所以可以写得简明易懂。这既得益于我的特质，也和我多年的工作积累密不可分。

当然我们也可以不举这么严肃的例子，在短视频平台上可以发现很多非常有创意的人，比如有人辞职去旅游、有人用榴莲做鞋子、有人进行搞笑表演等。由于这些人的经历、表达方式、思维不同于常人，因此获得了大量粉丝的关注。

下一个是"价值"，你可以问问自己以下两个问题。

这件事是否有正面的意义？

做这件事能帮助什么人解决什么问题？

比如说帮别人抄作业，或者夸大其词的销售，也许在某种程度上可以帮到一些人，但是并没有正面的意义和价值。而如果不能为他人创造良性的价值，就不能称其为天赋。

最后是"行动"，你可以问问自己以下两个问题。

我对这件事有什么规划吗？

我是否已经开始做了呢?

即便你在某方面很擅长,也有创意,这件事也有价值,但如果没有付诸行动,就相当于什么都没有。你可以针对自己想做的事情做一个比较长远的规划,并且从现在开始每天坚持做,而不是偶尔想想。

举个例子,你很喜欢吃早餐、做早餐,而且会尽量花心思让每天的早餐不重样,也许你觉得这没什么,只是个不起眼的小爱好而已。如果你想确定一下这是否算天赋,那么就按照表 2-1 列的问题问一问自己,答案马上就会揭晓。

表 2-1

特别	热爱	创意	价值	行动
大部分人都具备这个能力吗? 回答:否	这件事令我快乐并有成就感吗? 回答:是的,我喜欢这种创作的感觉	做这件事,我有什么不同的想法或创意? 回答:我不仅可以做到不重样,还可以做出各种图案	这件事是否有正面的意义? 回答:是的,可以鼓励大家认真对待早餐,关心身体健康	我对这件事有什么规划? 回答:未来想出一本自己的早餐书,还想开设相关课程
这个能力会让人羡慕或眼前一亮吗? 回答:是	如果没有收入,我是否还愿意去做这件事? 回答:是的,我享受这个过程	为什么是我做这件事,而不是别人? 回答:我设计功底强,会摄影,而且特别有创意	做这件事能帮助什么人解决什么问题? 回答:我能帮助妈妈们解决早餐做什么的难题	我是否已经开始做了呢? 回答:是的,我每天都拍照发朋友圈,并记录制作过程

先天赋,后天造

也许你会说,我实在找不到任何天赋,类似"早餐不重样"这样的天赋我也没有,那该怎么办?

没有关系,因为"先天赋,后天造",这句话的意思就是我们每个人都是有天赋的,但是需要经过后天有意识地打磨和付出,它才会逐渐显现。所以,我们依然有足够的机会培养天赋。

天赋如同地下水

成年人的天赋没有那么明显，是因为随着岁月的流逝，天赋逐渐被深埋了起来，只是每个人的天赋被埋藏的深浅不同，所以把天赋比喻成地下水是再合适不过的了。

地下水水位深浅不一，有的离地表近一些，有的离地表远一些，但是只要你坚持不懈地挖，总能挖到它。

而如果你没有耐心，挖着挖着就放弃了，那很可能什么都挖不到。你一定要耐心挖掘，千万不要今天在这个地方挖挖，明天又换个地方挖挖，什么都浅尝辄止，最后只会无功而返。

一旦你挖到了地下水，你就可以以逸待劳，看着地下水源源不断地冒出来；你再去附近挖挖，也能很快找到新的地下水。比如我前几年对心灵成长很感兴趣，在写作的过程中发现了天赋这个方向，接着又从天赋延伸到咨询、教练、做课程等，近期我还在不断发现自己新的天赋。我不得不感叹，天赋像是有生命一般，是事业树的源头活水，只要用水把根养好了，事业树自己就可以开枝散叶，最终硕果累累，而你需要做的只是发现它、关注它、浇灌它。

可能你会问：刚才不是说天赋是树上的果实吗，怎么到这里又成了源头活水了？这是因为，天赋是因，也是果，它不是孤立存在的，就好像一棵树，树根、树干、树枝、树叶、果实从表面上看是不同的部位，但它们共同构建了一个完整的生态体，在这个生态体里，一切的生长都是自然而然的。如果你忽视了这个生态体，只盯着局部看，就会陷入"盲人摸象"般的误区。

比如很多人问我，A方向和B方向我该选哪个？我未来的方向应该是什么？现在什么领域比较热门？大家都在学×××，我是不是也得赶紧学？这就是很明显的只盯着局部看，忽视了从整体构建"生态体"的结果。这样做最后的结果就是盲目地比拼、选择，陷入激烈却没有结果的竞争当中。

天赋 = 先天特质 + 定向积累

地下水相当于我们的特质，而不断深挖的过程，就相当于"定向积累"，两者必须结合，才能形成天赋。

这个"定向积累"可不是我们以为的"努力"这么简单，如果没有沿着正确的方向努力，你的付出只会让你南辕北辙，可能还不如不努力。

先天特质	➕ 定向积累	＝ 天赋
人人都是独一无二的 和别人不一样的 不用区分好坏 对某方面的天生热情	有意识地经营打磨 把特质放到合适的方向上 长期学习积累 打造独特定位	快乐的同时创造价值 持续投入，产生"心流" 有价值感、成就感 帮助到他人

这个**"定向积累"，我把它拆分为 4 个步骤：抓手、积累、行动、分享。**

"抓手"是指根据自己的特质找一个合适的行动切入点，它可以来源于你的职业，也可以来自你的兴趣，或是你天生就擅长的方面。

明确了"抓手"之后，你就要在这方面持续积累，比如主动学习相关的知识，而不是漫无目的地上班、应付工作，下班被琐事缠身，自我没有一点提升。

接下来是行动，比如你是否能把学习到的知识应用到工作中，把工作做得越来越好？你是否能专注在你的兴趣爱好上并有所产出？

最后是分享，当你的工作越做越好时，你是否能把自己的经验总结出来，并对外分享，从而帮助更多人？你是否能把你的兴趣爱好分享出去，或者通过产出为更多人创造价值？

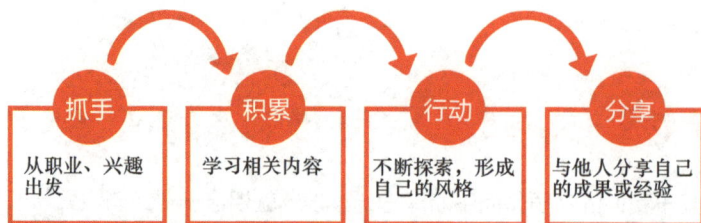

抓手	积累	行动	分享
从职业、兴趣出发	学习相关内容	不断探索，形成自己的风格	与他人分享自己的成果或经验

定向积累的过程就像是一个漏斗，每一个环节都会有人被淘汰，越到后面人就越少，这就解释了为什么优秀的人总是很少。

职业和兴趣基本人人都有，就算没有兴趣也有职业。但是愿意主动去学习的人就比较少，而能够学以致用的人更少，最后能够总结经验并分享成果的人就更是寥寥无几了。而其实分享才是最好的学习方式，利人利己。

很多人问我为什么自己整天都在学习，却没有明显提高，因为他们漏掉了后面更重要的步骤——行动和分享。遗憾的是，大部分人既不了解自己的特质，也不会有意识地把它运用到合适的方向上定向积累，或者不知道正确的积累方式。无论是在职场内还是职场外，有学习、复盘和分享意识的人少之又少。大家往往以为在工作中被动地完成领导分配的任务，或者利用碎片时间积极学习就可以了，缺乏思考和分享输出，等到若干年后发展陷入瓶颈，他们才会发现自己这么多年来什么都没积累下来。

也许有人会说，因为人都是懒惰的啊，没有人愿意主动去定向积累。其实积累未必是一件辛苦的事情，因为在行动和创造的过程中，你很可能会体会到"心流"的美好感觉。

什么叫"心流"呢？简单来说，就是你在做一件事情时忘我的状态，你全神贯注于某件事，你忘了时间，忘了吃饭和睡觉，完全停不下来。比如我在写东西的时候，一定要一气呵成，那个时候我好像处在另一个世界里，与这个世界无关。一旦我被打断回到现实生活中，虽然会感觉有些失落，但也会觉得刚刚过得非常充实。

那么问题来了，看剧、玩游戏算"心流"吗？我觉得严格来说应该是不算的，因为我这里强调的"心流"主要和创作有关。看剧和玩游戏的当下，我们会很沉迷，但是结束后，得到的往往不是充实感而是空虚无聊的情绪，这和创作时的"心流"体验是不一样的。

只有当我们沉迷于和自我特质相匹配的事情时，我们才容易找到这种"心流"的感觉。很多人会说我找不到自己想做的事情，这是因为兴趣爱好不会直接"飞"到你的面前，而是需要你有意识地去寻找。

如何寻找呢？最简单的方式是从自己的职业入手。一说到这里，很多人会很吃惊："我的职业居然也可以和兴趣或者天赋挂钩吗？我从来没想过！我特别讨厌上班。"

这个时候我就会提醒他们好好想想：你是讨厌上班还是讨厌你的职业？千万不要把二者混为一谈。比如我身边很多设计师非常热爱设计或者绘画，但是他们很讨厌在工作中受束缚的感觉，久而久之就以为自己不喜欢设计工作。但是认真回忆一下，他们会发现，画画是自己从小到大一直都很喜欢的事情。

除了职业，我们还可以回顾以往的经历，毕竟这么多年总会积累下来很多经验和能力，这些经验和能力可以帮助我们去做相关的事情并且做得很好。比如我有个朋友做了多年的财务工作，现在迷上了风靡日本的"整理术"，并准备系统学习。她以为两者毫无关联，但其实正是因为她在多年的财务工作中培养出了细致、耐心的职业习惯，所以才能在做整理的时候如鱼得水。

另外，我们需要多去发现生活中的美，多去尝试有意思的事情。很多人在做任何事情之前都会质疑自己："我从来没做过，我肯定不行！"但是如果你做了100件不同的事情，你总会发现有那么几件事情是你生来就擅长的。但是如果你从来不改变、不突破、不行动，那就不会有任何发现。

比如有的人每年都会花固定比例的收入去学习，就是为了提升和充实自己，探索更多的可能性。当然我不是说学习就一定是好的，我也见过很多人盲目地学习各种技能，报了很多不适合自己的课程，只是因为觉得自己不行，所以认为自己必须要多学点东西，结果反而越学越慌乱。你可以抱着探索、好奇的心态去学习、行动，而不是因为焦虑或恐慌学习，这样你一定会在快乐中获得更多属于你的"心流"体验。

看不见的天赋如何影响看得见的生活

即便你还没有"挖"到天赋，但天赋依然深藏在你的体内，暗中影响着你人生的方方面面。

天赋对你潜移默化的影响

比如你关注的名人、你羡慕的榜样，他们可能就拥有你身上暗藏的天赋。正是因为你拥有某种天赋，你才会喜欢上他们，而且他们很可能是一群相似的人。

前一阵子，我把我最近关注的几个榜样的名字和他们的特点列出来，结果我意外地发现，他们身上有很多的共同点：都擅长写作、都擅长讲课、都是自由职业者、都进行一对一咨询、都热衷于心灵成长……

我开始以为是巧合，但后来我慢慢发现，这一切其实是有迹可循的。我自己不就是一个爱好写作、喜欢讲课、渴望自由的人吗？只是我以前并没有看得这么清晰。这几位榜样的共同点一下子"点醒"了我，让我明白什么是和我有关的，什么是我内心真正想要的，否则不会这么巧，我喜欢的几个人刚好都有这些特点。几个月以后，我真的成了一名自由职业者，并且暂时以写书、讲课、提供咨询为主。

天赋也会影响我们的娱乐方式。比如同样是玩游戏，为什么不同的人喜欢玩不同的角色呢？通过玩游戏，我们可以很明显地观察到每个人不同的特质和天赋。有的人喜欢一马当先冲在前面，有的人喜欢做队长组织大家，有的人甘当绿叶，有的人喜欢自己玩自己的……这些特质如果能善加利用，每个人都可能在不同领域做出亮眼的贡献。

如果你不喜欢玩游戏，那么你是否爱看电视剧或者综艺节目？你喜欢哪个偶像或者综艺明星？为什么喜欢他们？他们有哪些闪光点吸引了你？而这些闪光点可能就是你也拥有的，或者是你一直想拥有的。

正因为每个人都是如此与众不同，所以才会有不同的娱乐方式、不同的偶像、不同的生活方式。这些不同的背后，都体现了你的独一无二。

天赋还影响着我们的社交关系。这里的社交关系包含了工作、感情等各种方面。我们往往会和与我们很相似，或者非常互补的人在一起。看看你身边的人，你大概就能够知道自己的特质是什么。

比如我遇到的领导，大部分是对现实很焦虑、压力很大又特别能吃苦的类型，如果总是遇到这样的领导，说明我自己也是一个非常要强、对自己要求很严格的人。当然这种特质有好的地方，也有不好的地方，好的地方是容易做出成绩并且得到领导的信任；不好的地方是会给自己很大的压力，而且不太容易激发创意，工作中容易遇到瓶颈。如果了解自己的这些特质，并且知道怎样利用，就可以取得四两拨千斤的效果，并且能避免没完没了的踩坑。

再比如你的伴侣，往往是跟你比较互补的人。很多人埋怨伴侣不上进，其实是因为你自己过得太焦虑、太辛苦，"不上进"的伴侣只是为了提醒你放慢脚步、学会享受生活的乐趣而已。还有的人总是遇到很强势的伴侣，其实这是帮助你提醒自己不要再那么软弱，要懂得捍卫自己的权益。

身边的人往往是我们的镜子，帮助我们看见自己的特质。这些特质也许是我们已经拥有的天赋，也许是我们想要拥有的天赋。无论是已经拥有的还是想要拥有的，在我们的人生中都起到了至关重要的作用。

天赋影响着我们的工作和学习。当我们有某方面的优点时，我们可以用这个优点帮助身边的人；当我们有缺点时，可以与和自己互补的人合作，或者向对方学习。

也就是说，优点可以帮助我们发展得更好，缺点可以帮助我们进行社交或者学习。天赋可以帮助我们彰显自己的能力，不足之处可以帮助我们改善自我。

这就是人生的艺术，它没有好坏之分，只看你如何认识它、如何使用它，最后让它帮助自己实现人生理想。

找出天赋，做命运的主人

天赋暗藏在诸多表象背后，所以能认出它的人并不多。它是生命的礼物，也是一个个谜题，藏在幽暗的角落里，等待着给我们一个大大的惊喜。只可惜，对于大部分人来说，这个惊喜可能永远不会来。而错过了这个惊喜，我们可能就失去了人生的主动权。

我有个朋友跟我诉苦，说她和男朋友都喜欢摄影，但是她喜欢人像摄影，她男朋友喜欢风光摄影。最后的结果就是，她天天陪着男朋友到处跑，去拍美丽的风光，她的人像摄影却就此搁置了。她很不解，问我为什么会这样。

我说很简单啊，因为你男朋友对自己的天赋更加坚定，而你没有他那么坚定，所以你只能成为那个"陪跑"的人。

朋友想了想说："的确，我对自己没有那么自信，但是我男朋友就很自信，还经常指导我摄影，然后我就真的成为跟随者了。"

其实这样的情况在生活中随处可见，比如我自己一个人逛商场时精力充沛，怎么都不累，但是陪别人逛街时，一会儿就累得不行。再比如在公司里，领导永远不知疲倦，而员工却一个个萎靡不振，巴不得早点下班回家……

以前我非常不理解，觉得领导可能真的是天生精力过人，所以才能成为领导，这是人家的天赋，我等自愧不如。但是当我自己做领导的时候，我发现我也能做到像自己以前的领导那样精力充沛，甚至有过之而无不及。所以精力是否充沛并不是天生的，而是取决于你是否在自己的轨道上，做着自己在意的事情。如果你一直在别人的轨道上陪跑，那很快就会把自己的精力耗尽了。

这就和电视剧中主角和跑龙套的区别一样：跑龙套的永远不重要，永远一上来就会被杀掉；主角永远是闪亮光辉的存在，无论怎样都不会死，除非是到剧终时。

如果你不在意自己的天赋，就只能终身参与别人的剧本做配角或者跑龙套，为他人的天赋无意识地耗尽自己；如果你找到了自己的天赋，并且积极行动起来，你就有可能改写自己的剧本，做自己生命的主人。那样的你不仅会精力充沛、长期体验"心流"带给你的价值感和成就感，还能帮助更多人，并吸引大批跟随者，这就是天赋的力量！

将天赋运用到极致

如果有一天你找到了天赋，除了如拆开礼物时那一刹那的惊喜外，你还会得到什么呢？很多人都是拆礼物的时候很开心，拆完就把礼物扔到一边不管了。对待天赋其实也是一样的，就算有一天你知道了，或者别人告诉了你你的天赋是什么，但是如果你不懂得如何使用它，最后的结果和不知道自己的天赋是一样的，无法让你的人生产生实质性的改变。

如何将天赋运用到极致呢？

我觉得除了健康外，人生中最重要的有 4 件事，分别是财富、社交、情感、成就。天赋可以帮助我们在这 4 个方面都发生巨大的改变。如何改变呢？你可以分别问问自己以下这些问题。

找到天赋后，我会考虑变现吗？

很多人即使有一技之长，也不太愿意变现。比如我认识一个插画师，第一次看到他的作品我就喜欢得不行，问他是否愿意尝试将它发展成副业。但是对方说自己实在踏不出这一步，觉得画画只是他的兴趣爱好而已，他不好意思收钱。对于这种想法我表示理解，但是其实收费才能保证这个兴趣更好地发展下去，为更多人创造价值，否则可能就真的只是止步于兴趣了。

我会开心地消费、享受产品或服务吗？

很多人付出时非常努力，但是舍不得消费。其实越是舍不得花钱就越难赚钱，因为消费可以让我们享受到更好的产品或服务，可以激发我们更多的创意和灵感来实现自我增值。所以并不是"吃的是草，挤的是奶"就是件好事。

我会寻找志同道合的朋友吗？

如果你的朋友很少，或者说朋友很多但是交心的很少，那很可能是因为你的天赋太少了，所以你难以吸引志同道合的人。如果自己都不了解自己，自己都不愿意深挖自己，别人又怎么有兴趣去深入了解你呢？

我会寻找互补的人补足自己的缺陷吗？

曾经有位来访者跟我说："我特别羡慕那些专业能力很强的人，我在这方面就不行，我沉不下心来，我好希望自己能变成他们那样。"我说："你为什么一定要成为他们那样呢，你和他们成为朋友不就可以了吗？"对方恍然大悟地说："对啊，我性格开朗，而且'自来熟'，特别容易结交朋友。"我说："也许你的天赋就是成为一个'连接器'，连接各种各样你羡慕的人。你已经拥有'点金之手'了，为什么还要希望自己变成黄金呢？"

很多人都会为自己的缺点或者短板懊恼，殊不知缺点和短板正是用来帮助我们连接他人的。毕竟我们每个人的时间和精力都是有限的，与其用毕生的时间来改掉缺点、补齐短板，不如结交和自己互补的人，然后发挥各自的长处，一起做更大的事情。

我会担心做自己喜欢的事情影响他人吗？

做线下工作坊的时候，有一次，现场有位学员说自己当初考上了理想的学校，但是因为担心和男朋友分开，于是就没有去那所学校，而是选择了男朋友所在城市的一所普通学校。后来她的人生似乎一直在持续这个"模式"，总是因为怕这个怕那个，一次次地和自己的理想失之交臂。

对此我说了这样一段话："你以为你会因为自己的梦想而损害别人的利益，或是失去很多东西，所以不得不围着别人转。其实恰恰相反，当你的人生变得闪亮的时候，你不但不会失去什么，反而会吸引更多人围着你转。"

就好像最美丽、最鲜艳的花朵，会吸引最多的蜜蜂前来采蜜一样，你不断地为了他人委曲求全，最后的结果就是你的人生越来越"枯萎"，你就真的要一辈子委曲求全了。

反过来，如果你能尽早找到天赋，他人反而会为你让道。我有个朋友以前总是无所事事，家人经常数落她，说她没事就应该多陪陪孩子，而且谁也不愿意帮她带孩子。后来她有了自己的事业，每天从早忙到晚，家里人反而都体恤她，主动提出帮她照顾孩子，让她安心工作。

我身边有很多职场妈妈跟我诉苦，说她们平时又要上班又要照顾孩子，各种琐事都得自己操心，根本没时间学习或者做自己想做的事情，家里人也指望不上。我就会跟她们说，那是因为你对自己想做的事情不够坚持，你认为那些让你脱不开身的琐事无比重要，没了你别人做不了，所以才会出现现在这样的状况。如果你拼了命地要学习、要做自己想做的事情，你总会找到办法，家人也会帮助你完成心愿。对方往往会认真想一想，然后赞同我说："确实是这样的。"

我知道自己的成就吗？我会定期更新吗？

我发现有很多人在写到自己的成就时会卡住，说实在是想不出来。其实"成就"这个事情，是需要日常维护并不断更新的。

比如我有个习惯，就是定期更新简历，不管我是否要找工作。一旦我在工作中取得了比较好的成果，我就会立刻把它更新到我的简历上，不然时间长了我肯定会忘记。这个习惯帮助我在简历上积累了大量的成就和亮点。很多人看了我的简历都会说"好厉害"，其实不是我真的很厉害或者比别人强多少，而是我有定期总结更新的好习惯。如果认真挖掘，每个人都会有很多让他人惊讶的成就和亮点。

跨越从兴趣到天赋、再到变现的鸿沟

有了兴趣，就会发展出天赋吗？ No！因为兴趣和天赋是两码事。

有了天赋，就能轻松变现吗？答案依然是 No！因为天赋和变现也是两码事。

从兴趣到天赋，再到变现，到底存在着怎样的鸿沟，该如何突破，让我慢慢来分析。

如何瞬间让兴趣变成天赋

如我前面所说，在现在这个时代，有天赋并不要求有专业认证或足够杰出，而是要有趣和特别。这样的话，天赋和兴趣爱好的区别是什么呢？是不是就可以认为它们是一回事了？不！天赋和兴趣爱好还是不一样的！

兴趣是用来自娱自乐的，而天赋是用来为大家创造价值的。只要你敢于把兴趣展现出来并能帮到其他人，你的兴趣就可以瞬间变成天赋。

比如我前几年热衷于心灵成长，在这方面花了大量的时间和金钱，看了很多书，跟着好几位老师学习各种课程。我一直认为这只是个兴趣而已，从来没有想过把它发展成为天赋。虽然我也隐约有过一点点念头，希望自己多年之后能写一本这方面的书，但也只是念头而已。

直到有一天我学习了一位老师的线下课程，老师一直鼓励我们想到了就去做，不要有任何犹豫和纠结，那些念头都是源于对自己的不自信。于是当天我突然有了一股冲动，决定立刻就开始实现心愿，写一本我一直想写的书。

可是写什么呢？我完全不知道，那我就试着写，想到什么就写什么。一开始，大纲极其混乱，但是我不管，我就这么写下去。写着写着我突然有了感觉，一次次进入"心流"体验中，在这个过程中灵感不断涌现，甚至出现了很多我之前并未有过的想法，以至于最后我写出的内容和最初的大纲完全不一样。我惊叹于自己居然真的可以做到，我成了一个心灵成长／人生哲学作者，这是我以前想都不敢想的。就是那一个行动的念头，让我瞬间把兴趣变成了天赋。

如果不是我敢于立即行动，我就永远无法拥有这美妙的体验。同时我也明白了：输出才是最好的学习方式，也只有在输出的过程中才有创造的可能。

所以兴趣和天赋的区分很简单，就看你是否正在做，正在创造，再分享传播出去。在传播的过程中，你又能通过他人的反馈或建议不断调整、精进，从而创造出更大的价值。生命的本质，就是用天赋创造价值，再用价值交换价值、享受价值。

在交换的过程中，你可以享受到别人的各种天赋，比如吃美食、看美景、看电影、阅读、穿漂亮的衣服、玩酷炫的游乐设施……在交换的过程中，你也拥有了自己的圈子、有了良好的人际关系、时尚的外表、健康的身体等。你在享受价值的过程中又可以创造新的价值再传播出去，这样整个世界都处于不断的正向循环的创造过程中，不断前进变化，而不是保持静止。这就是我们的人生意义——在创造、交换的过程中获得更大的快乐。

生命的本质绝不是关起门来自娱自乐，否则生命就成了一潭死水；生命的目的也绝不是要与人一较高下，以至于所有人都按照同一个模式发展、按同一个标准竞争。就好像自然界如果只有一种生物，该是多么无趣。

反过来，如果全世界几十亿人都能做自己，都能专注于培养自己的天赋来创造不一样的价值，我们就可以享受几十亿种不同的服务，生命将被最大限度地开拓、丰富。

如何让天赋持续变现

要想在焦虑丛生的当下活出自由，有天赋就可以了吗？No！天赋只是块敲门砖，重要的是持续变现！

当然，我不建议大家把短期变现金额当成衡量天赋或者"复业"是否成功的指标，因为这样只会让你进一步迷失。天赋未必会给你带来很多的财富，它反而是那种你宁可赔钱也想做的事情，所以不要把赚钱当成目的，而应把赚钱当作附加的价值。天赋最重要的意义在于帮你发挥出自己的潜能，提升你的幸福感，并为他人提供价值。

也就是说，把天赋运用好，赚钱就是水到渠成、自然而然的事情，不需要特意挂怀。况且无论做什么都需要积累，就拿开展"复业"来说，一般至少要坚持半年才能稳定下来，一开始很可能是没有任何收入的。如果你拿"复业"的收入作为衡量标准，你很可能会陷入自我否定的状态中，认为自己非常失败。因此我建议把幸福感或价值感当作衡量的指标，这样你才可能坚持自我并帮助更多人，也为未来创造长远的价值。

短期变现当然也是非常必要的，因为我们起码要能够养活自己，但不要以变现为目的做任何事情，也不要抗拒变现。在这方面始终保持开放的心态，既不执着追求，也不过分排斥。

说到排斥，你也许不信，很多人对于"变现"有相当大的心理障碍。我自己原来就是这样的，一想到要收钱，就觉得好像是做了一件特别见不得人的事情，而且很担心会影响我在行业里的口碑，可是我又很想赚钱。我曾经因为这件事请教了一个在变现方面很有经验的老师，她问我："你的长期愿望是什么？"我说："我希望帮助100万人找到天赋。"她又问我："还有呢？"我说："没了。"

她对我说："我的目标是帮助别人学习知识，顺便赚钱。如果你没有赚钱的愿望，那你是赚不到钱的，你必须解开在赚钱方面的心结。"

这段话对我影响很深，我之前从来没意识到自己对于赚钱这件事心存恐惧，还总是懊恼为什么很多人能力不如我却比我赚得多。当我意识到自己的心结时，我鼓足了勇气，决定不管别人怎么想怎么说，我就是需要赚钱。结果那个月我的"复业"收入是上个月的6倍，再后来我索性辞职了，专心做我真正想做的事情。

当然，持续变现不仅仅是保持平常心、消除"卡点"这么简单，这里面需要学习和修炼的东西太多了，我在后面的"定位篇""产品篇""变现篇""价值篇"等部分都会提及。接下来，就让我们进入正题，学习如何挖掘自己的天赋吧！

认知篇：在焦虑丛生的当下活出自由

在这个时代，我听到的最多的两个字就是"焦虑"——找不到工作的人在焦虑，正在找工作的人在焦虑，已经在工作的人依然在焦虑。然而还是有一群人活得非常洒脱快乐，不被焦虑所困扰，因为他们非常了解自己的特点，并能够把它们发挥到极致。可以说，天赋是焦虑的解药，是获得身心自由的钥匙。

扫码或扫描 AR
触发图看视频

天赋篇：
360 度创意挖掘天赋

在本篇里，我使用十几种不同的方法帮助你挖掘自己的天赋。建议给自己留出几小时的时间，在不受打扰的环境中阅读本篇内容，因为你不仅需要读，还需要跟随我的方法写写画画，直到挖掘出自己的天赋。

我在前面提到过，天赋深藏在我们的体内，暗中影响着我们人生的方方面面。所以想找到它，只要关注我们的过去、现在、未来就可以了，如表 3-1 所示。

表 3-1

时间线	过去	现在	未来
描述	历数过去，挖掘优势	多维视角，挖掘特质	以梦想为行动方向
解释	我们过去的所有经历，都是巨大的宝藏	用不同角度审视，结果可能大不一样	把未来变成现在，加速挖掘天赋
方法	回忆悲惨时刻／高光时刻	逆向思维法、朋友观察法、综合打分法、性格测试法	标签法、榜样法、打分法、梦想清单、遗愿清单、成功日记
作用	找到成功规律	定位差异特征	围绕目标行动

通过过去找到成功规律

通过大量的一对一咨询和天赋课程，我越来越肯定：人生每一步的"设定"都是恰到好处的，没有哪段经历是浪费的，除非我们亲手把它们送进了"垃圾桶"。

在这里，我会分别介绍两种方法，分别是"找过去的悲惨时刻"和"找过去的高光时刻"，通过这两种截然不同的方法，帮你还原出人生悲喜背后隐藏的天赋。

化"悲剧"为"喜剧"

在一次线下工作坊活动中，有个学员说到自己的过去时眼含热泪，她说自己有个特别优秀的姐姐，长得好看又能歌善舞，而自己样貌平平也没什么天赋，一直活在姐姐的阴影中。我问她是如何克服这个问题的。她说，为了能超过姐姐，她特别努力地学习，结果成了"学霸"，而且无论什么事情都特别要强，总是不甘心落后。现在她已经是一家知名公司的经理，带领一个很大的团队，屡屡为公司创造良好的业绩。

而在场的另一个学员和她情况完全相反。作为独生子女，她受到了全家人的呵护，原生家庭特别幸福美满。这个女孩非常知足，对生活没有任何要求，目前做的是一份特别平淡而且琐碎的工作，可她乐在其中。

我问那个"学霸"，这个幸福女孩的人生是你想要的吗？"学霸"立刻摇头否定："不是。"我又问："你现在这么优秀是不是要好好感谢你的童年经历呢？""学霸"陷入了沉思，说："是的，我以前竟从来没从这个角度思考过。"

我继续说："所以争强好胜、能力出众就是你的天赋，你的童年经历恰恰是为了成就你的人生，让你成为一个你想成为的角色而特意'设定'的，否则你就无法拥有这样的天赋。"

我们可以尝试用表 3-2 梳理自己过去的"悲惨时刻"，看看过去的经历最终把自己带向了哪里，使自己获得了怎样的优秀特质。相信从此之后你对人生和命运会有不一样的理解。

表 3-2

悲惨时刻	描述			
	你遭遇了什么	当时感觉如何	导致了怎样的结果	隐藏天赋
童年	有个比自己漂亮又多才多艺的姐姐	父母和邻居都喜欢姐姐，这让我非常不开心	我努力学习，争取超越姐姐，最后我成了"学霸"，而且事业成功	学霸 / 优秀的管理者
小学	……	……	……	……
……	……	……	……	……

回忆人生"高光时刻"

人生的剧本有悲也有喜，所以我们除了"悲惨时刻"外，还要看看自己的"高光时刻"，这样才完整。

我们可以通过表 3-3 来梳理自己的"高光时刻"，找到自己的隐藏天赋。表 3-3 中的内容就是我在学生时期的"高光时刻"。

表 3-3

高光时刻	描述			
	你做了什么	自己感觉如何	别人的反应 / 对你的评价	隐藏天赋
初中	历史考了年级第一，分数远超第二	吃惊、意外，因为根本没怎么复习	吃惊、意外	背诵历史知识
高中	获得东城区英文打字一等奖	我也不知道为什么打字比别人快，很享受打字的感觉	"你打字可真快"	打字（和现在的写作有关）
大学	选修课有个演讲汇报	觉得别人都讲得非常好，自己太丢人了	与众不同，居然讲了人生	心灵成长、人生哲学
	考上了硕士	太不容易了	不敢相信	时间规划、管理
硕士	写了篇与心理学结合的动画论文	自己特别满意，感觉人生到达了一个新高度，惊叹自己居然有如此见解	导师特别满意，觉得论文有高度	心理学、心灵成长、电影解读

在写这个表格时我有了很多新的发现：比如历史方面的天赋是我之前从来没发现的。事实上，我是理科生，但是随着年龄越来越大，我对文化历史方面的东西越来越感兴趣；其次是电影解读，我对电影总有不一样的理解和深刻的反思，只是之前没有在意。

接下来要特别说说已经快被我遗忘了的时间管理，我回忆起了让我感到骄傲的一段经历。在考研之前我没有像其他人那样一股脑地投入学习中，而是先研究了一下录取规则，发现录取规则既要看总分，又要保证单科过线；然后我在网上搜索了各种考研心得和攻略，发现数学和英语的捷径就是多做历年真题，而政治主要靠记忆，可以考前报个冲刺班；在我想要报考的学校的论坛中，我又了解到专业课考试每年的差别都不大，只要多做历年真题就行。于是，在复习时我把大量时间放在了我的弱项——数学和英语上，最后留了很少的时间突击政治和专业课。最终我以总分刚刚过线，每个单科也都刚刚过线的成绩勉强被录取。查看排名的时候，我才知道有好几十个人的总分比我高，但是因为单科没过线所以错失了机会。

要知道我本科时的学习成绩并不好，而且我报考的专业不是我本科所学的专业，在没有学过高等数学和专业课的前提下，我只用了半年时间复习，和诸多名校高材生同场竞技，居然取得了最后的胜利。

这样的事情在我的人生中反复出现，因为擅长时间管理，我总是能以最少的精力取得想要的结果。

如果不是通过这样的整理，我真的都想不起自己的这些天赋了。可能我天生就擅长走"捷径"，天生就享受打字带来的乐趣，天生就对心理、电影等领域感兴趣。这些"印记"在我身上从未离去，只等着有一天我能够发现它们。

梳理早期的"高光时刻"可以帮助我们回忆起曾经的兴趣和优势，而回忆近期的"高光时刻"更容易帮助我们找到取得成功的规律，如表 3-4 所示。

表 3-4

高光时刻	描述			
	你做了什么	自己感觉如何	别人的反应 / 对你的评价	取得成功的规律
临近毕业进入理想的公司	拿到了录取信但是不满意，经过不懈努力终于进入了理想的公司	真的很不容易，一定要努力争取机会	"你是不是太折腾了""你真厉害啊""才刚来就要换工作"	目标明确、思维灵活、行动力强且锲而不舍、利益最大化、不随波逐流
工作不到两年升职	日常工作兢兢业业，擅长思考和总结，对于不合理现象据理力争	惊讶，觉得自己太幸运了	"给你升职是因为你的性格，可以维护团队的利益"	认真、努力、有想法、有追求
出版第一本专业图书，邀请公司 CEO 写推荐语，全网好评不断	邀请同事合作，冒着被拒绝的风险请公司 CEO 写推荐语，不过度追求专业考虑受众需要	没想到梦想居然成真了	"这本书写得太好了，特别适合初学者，简单易懂"	决定了的事情就要坚持到底，并且尽力而为；不遵循常规，按自己的方式做事
发布创新理念，邀约不断，到全国各地演讲	研究出一套全新的方法体系，改进过时的方法，引领行业前进	特别大的一次突破，感觉自己的能力上升到了新高度	各种声音都有，出现了争议	突破、创新、打破传统
放弃百万年薪，做自己喜欢的事情	写新书、做天赋课程、做咨询	转型到心灵成长领域，从公司高管变身自由职业者	"我好羡慕你说走就走""佩服你的跨界勇气和前瞻意识"	勇于跨界转型，干脆、不拖泥带水，具有前瞻意识

在写这些内容之前，我没想到自己居然这么勇敢无畏。平时经常觉得自己这不行，那不行，现在却发现都是错觉，其实自己还是有很多亮点的，而且这么多年，这些亮点一直都在推动着我不断前进。

综上所述，我的成功规律就是有想法，而且会按照自己的想法做事，不太在意他人的看法，以打破常规为乐趣，这使我很容易有所创新和突破。

通过现在定位差异特征

我们每个人都是独一无二的，通过审视目前的状态，就可以分析出自己所具备的各种特质。这里我会教大家 4 个方法，用来找到自己的独特之处，4 个方法的特点如表 3-5 所示。

表 3-5

逆向思维法	朋友观察法	综合打分法	性格测试法
换个角度看缺点，缺点也能变优点	朋友眼中的你，和你自己眼中的你也许大不一样	对过去的投入和现在的喜好进行综合打分	通过各种测试快速挖掘自身的特点

逆向思维法

不知道你有没有注意过"危机"这个词，以前听到这个词总觉得危机的意思就是危险，后来把这两个字拆开，才发现"危"后面还有"机"，而这两个字的意思是相辅相成的。的确，危险不见得是不好的，它们背后也可能蕴含着新的机会。

人生也是如此，我们面临的每个挑战或困境都对应着新的机遇。就好像我前面提到的"化悲剧为喜剧"，看似悲伤的剧本可能会引导我们变得更强大、更优秀。

与此类似，我们的每个缺点背后也都对应着优点。而聪明人永远懂得让好的那一面为己所用。

例如，在一次线下工作坊活动中，有个女孩说她情绪起伏不定，这让她非常非常苦恼。虽然在外人面前她一直看起来非常平静，但其实她的内心一直饱受煎熬。我问她那这个问题有没有给她带来什么好处，她说自己特别能忍，所以她比其他人更能吃苦，更容易克服挑战。

我说："这不就是你的天赋吗？你在不知不觉中练就了'坚持'的本领，所以你无论想做什么都更容易成功。"

在场的人听后都非常受鼓舞，纷纷问我自己的缺点对应着什么优点，我一一为他们解答。

比如有的人问我内向、不爱说话的优点是什么，我说是专注；有的人问我懒的优点是什么，我说容易让对方放松、缓解焦虑；有的人问我内心敏感的优点是什么，我说是具有创意……

最后大家发现，所有的缺点背后都有优点。所以并<u>不存在什么绝对的优点或者缺点，它</u>

们都是我们的特点，有区别的只是我们看待它们的眼光。

当我们从另一个视角看待它们时，就可以把它们运用到合适的地方。比如专注的人喜欢学习，可以多花时间阅读、写作、研究；有创意的人喜欢宠物和摄影，也许可以尝试宠物摄影；懒的人喜欢做手工，那么可以做一些让人放松身心、造型简单的小物品……

朋友观察法

除了自我觉察外，朋友观察也是个很重要的方法，因为别人眼中的我们和自己眼中的我们可能完全不一样。借助朋友的视角可以打开我们的眼界，重新审视自己的特点。

很多人错误地以为自己会的别人也都会。比如当有人建议我开写作课的时候，我非常吃惊，因为我以为没有人不会写作，只是大家不喜欢而已。但当我看了很多学员费力写出来的东西以后，我发现写作确实不是人人都擅长。

我的很多来访者也是这样，他们讲到自己的优势时往往只是轻描淡写，当我表示羡慕的时候他们也非常意外："难道别人不是这样的吗？"

所以，如果没有别人这面"镜子"，我们真的很难了解自己到底有多特别。

我们可以通过 3 种途径践行"朋友观察法"。第一种途径是参考表 3-6，直接找 3 ~ 5 个不同类型或不同渠道认识的朋友询问他们对自己的看法。这样可以避免得到的答案雷同。

表 3-6

朋友	描述			
	我最大的不同点	什么情况下第一时间想到我	最佩服我的地方	隐藏天赋
A（好友）	对同一个事情总是有不同的理解	心情不好时（说明我擅长开导别人）	能自由安排时间，同时做很多事情	见解独到、时间管理
B（读者）	很上进	遇到专业问题时（说明我擅长解决专业问题）	能写作	专业、写作
C（同事）	好像对什么都不在乎，也不着急	工作遇到问题时（说明我工作能力强）	能不断输出	时间管理、解决问题

比如我从得到的答案中发现自己比较容易有独特的见解，那么在写作时就可以突出这个优点，重点说明我的见解和常规见解不同的地方。另外"时间管理"再度出现，这引起了我高度的警觉，我发现我确实很擅长利用时间，我去年上半年开设了 4 期专业课程培训，参与了十几场大型分享会，写了 12 万字的专栏，同时也没耽误正常的工作和陪伴家人。和其他时间管理达人不同的地方是，我是一个很"懒"的人，我爱睡懒觉，而且不喜欢做任何细碎的规划，每天想做什么就做什么，属于"自由派"时间管理达人，所以也许未来我真的可以考虑分享这方面的内容。

当然有些人不好意思找朋友询问，那可以利用第二种途径：按照表格回忆不同的人对自己的评价。

第三种途径是多参加社群、多结交朋友。认识的人多了，你就会知道自己在人群中的特点是什么。如果你的圈子非常小，交心的朋友也不多，你就很容易陷入"以为自己会的别人也都会"的思维陷阱中。

综合打分法

很多人觉得自己很辛苦、工作很无聊、收入还不高，出现这样的情况说明你一定没有用到自己的天赋。如果你用到了天赋，那你应该是又快乐、又收获了价值感、又不累，顺便还能赚钱。

这并不是在白日做梦，通过表 3-7，你可以迅速发现自己的天赋。

表 3-7

天赋	依据					总计	排名
	时间	学习	金钱	开心	分享		
工作	50	0	5	0	5	60	2
写作	20	0	0	25	10	55	3
讲课	0	0	0	20	30	50	4
专业咨询	0	0	0	20	20	40	5
心灵成长	20	100	95	30	30	275	1
运动	10	0	0	5	5	20	6
总计	100	100	100	100	100	—	—

你可以想想，自己平时在什么方面花的时间最多，在什么方面学习的内容最多，在什么方面花的金钱最多，做什么事情最开心，最愿意和别人分享什么。

把想到的内容依次罗列出来，并为每项内容打分，不用非常严格，凭感觉就好，每一列的总和是 100 分。打好分数后再横向汇总，排出名次。如果你感觉最后排名的结果和自己内心的预期差距较大，可以再调整分数。

我在填写这个表格的时候是在一年前，那个时候我还没有写《生命蓝图》。通过这个表格，我惊讶地发现，原先我以为只是兴趣的"心灵成长"，分数居然超过了我一直引以为豪的"工作"。这个表格帮助我坚定了信心，让我认识到"心灵成长"已经成了我的天赋。至于工作，虽然我现在没有那么喜欢了，但是在这方面投入的时间和精力最多，说明我在这个领域一定沉淀了很强的专业技能，那么这也是我的天赋；再其次是写作、讲课和咨询，三者分数差别不大，所以也是我的天赋。

我们每个人都可以按照这个表格找出自己的天赋。比如有的人是全职主妇，那么育儿、烹饪、手工可能就是她的天赋；有的人喜欢玩游戏、刷抖音，那么游戏和娱乐就是他的天赋；有的人喜欢酒，那么也许品酒就是他的天赋；有的人把时间都花在日常工作上了，那么在该领域积累下来的专业能力和经验就是他的天赋。

这些结果可能会让很多人感到意外：这也能算天赋？没错，天赋并没有大家想的那么"高不可攀"，它就是利用我们生活中的点滴建立起来的。不要给自己设下任何限制，只要你投入了时间并产生了兴趣，那么它就是你的天赋或很快就可以发展成为你的天赋。

性格测试法

我是一个性格测试的爱好者，无论什么性格测试，我都忍不住要测一下，看看自己是什么类型。后来我系统学习了 MBTI、心理、教练、LUXX 内在动机分析等技术以便更好地了解自己。

可以说，为了了解自己，我投入了大量的精力和金钱，并且孜孜不倦地学习。慢慢地我发现，想要了解自己，工具其实并不重要，重要的是我们怎么看待自己的特质。

性格测试不是"算命"

很多人把性格测试当成了"算命"，或者把自己"固定"在了某种类型上。

还有人做了性格测试之后，会认定自己就是某种类型，不知不觉间强化了自己这一方面的特点，然后把自己限制在了里面，认为自己只能这样了，不可能有任何改变。

无论用什么方式来了解自己，得到的结论都是中立的，并没有好坏之说，好坏是人为赋予的观点。对任何一种结论我们都可以运用，或者加以改进，这才是性格测试的意义所在。

比如通过测试，我发现自己的直觉很准，那我就可以有意识地去做一些更具创意的工作，避免太多琐碎的事务；另外我非常理性、爱学习、爱思考，那我可以尝试做理论研究并在理论上有所创新；我不爱社交，那我就尽量避免做太多需要主动沟通的工作，或者改进我在社交方面的问题。

总之性格测试或分析，是为了让我们更好地了解自己，并且把自己的特质发挥到极致；而不是反过来限制自己。每个人的生命都是多样的，都充满了无限可能。性格测试绝不是"对号入座"，以为自己"注定"就是测试里说的这样。如果没有认清这一点，做再多性格测试也无法真正了解自己。

通过内在动机看你的人生剧本

我自己做过的性格测试或分析实在是太多了，可以说，无论是哪种形式的性格测试或分析，只要你能够认真研究学习，都会有很多收获。

我之所以能在职场发展得比较顺利，与我能充分了解自己，读懂自己的"说明书"并能够扬长避短有很大的关系。

然而在认识自己的天赋这件事情上，我却一直没有通过性格测试或分析得到想要的答案。我知道自己是一个喜欢思考、研究、有创意的人，但这些特点看起来还是太过表面，它们背后有什么意义呢？如果不在职场上，我又该如何运用这些特点呢？我感觉我需要一个更深入的工具来帮我解答这些人生的困惑。正是在这个时候我遇到了 LUXX。和其他的测试方式不同，LUXX 测试的是人的内在动机，也就是测试每个人真正想要的是什么，什么会令他感到兴奋或者有意义。正是这些内在动机的组合，构成了我们表面上看到的这些特点，以及行为模式。

可以说，了解了一个人的内在动机，也就找到了解锁他人生的钥匙。如果没有 LUXX 内在动机测试，我们了解一个人需要花费大量的时间。而 LUXX 用非常科学的方式帮助我们大大缩减了时间，提升了效率。通过多年的调研、测试和统计分析，LUXX 选取了 16 个基本动机，它基本可以涵盖我们的所有动机。

这 16 个动机分别是求知、认可、权力、地位、保留、自由、社交、荣誉、公正、有序、安宁、还击、运动、食欲、亲情、浪漫。

求知是指你是否喜欢探究事物的本质，比如哲学系学生的求知值普遍很高；认可是指你是否在意他人的感受和评价；权力是指你的精力是否非常旺盛并总想掌控他人，一般来说管理者的权力值都比较高；地位是指你是否很在意排名和头衔，比如教授、领导的地位值都比较高；保留是指你是否喜欢收集和保存，比如存钱，或者留下旧东西舍不得扔；自由是指你是否喜欢独处或是否有独到见解；社交是指你是否喜欢主动结识他人；荣誉是指你是否很尊敬、在意父母或者特别讲原则；公正是指你是否在意公平或是否有很强的正义感，很多热爱慈善和公益的人的公正值会比较高；有序是指你是否注重条理、逻辑、规则，做事情讲秩序和节奏；安宁指你是否喜欢安逸稳定，不喜欢折腾；还击是指你是否喜欢较真或者辩论、竞争；运动是指你是否喜欢运动；食欲是指你是否特别喜欢美食而且吃得很多；亲情是指你是否很依赖家人，喜欢陪伴家人；浪漫是指你是否对美、艺术、爱情等有很高的要求。

LUXX 对我的影响非常大，比如以前我理解不了不爱看书、不喜欢求知的人，我认为人就是要通过学习不断提升自己。学习了 LUXX 之后我才明白，世界上就是有很多人对了解事物背后的原理不感兴趣，但是他们非常喜欢动手实践，而我的动手能力就很差，连个简单的手工都做不好。所以任何一个动机值的高低都没有好坏之分，只是代表我们有所不同而已。

做一次 LUXX 测试要上千元，如果你感兴趣又不想花钱，可以阅读《我是谁》这本书，并根据你对每一条动机的理解打分，形成个人图谱：按照 1 ~ 10 给每一项打分，1 为非常不明显，10 为非常明显，最后可以得到一张柱状图。对比你的现状，你会得到很多惊人的结论。

比如我的求知值非常高，自由值高、保留值低、荣誉值低、权力值低……所以我喜欢探寻类似"我是谁，我从哪里来，要到哪里去"的人生真相；而且在这些方面，我常有独到的观点和认识；我可以毫无保留地把自己的经验和知识传播出去，而且经常写完就忘；我不喜欢循规蹈矩，喜欢打破规则，所以我的观点往往与常规观点不同；我对权力没什么兴趣，所以即便已经做到了总监的位置，还是辞去了工作，专心写书、做课程。

我们每个人的内在动机都是不同的，图谱也是完全不同的，这就解释了为什么每个人的"剧本"都是不同的。比如我为求知而生，志在传播真相；有的人为爱而生，并且一生都为情所困；有的人醉心工作，其余不管不问；有的人甘愿放弃事业陪伴家人；有的人追求正义，为自由公平而战……

这些特质就是我们每个人的天赋，也暗含着我们的人生使命和课题。也许有的人就是要学会处理各种感情问题，最后说不定可以成为一个感情专家帮助更多人；有的人在事业上颇有建树，通过工作为社会奉献自己的价值；有的人把自己的全部奉献给家庭，充分享受着家庭带来的温暖，也把自己的爱奉献给家人；有的人在追求公平正义中感受自己的价值，成全自己儿时的"英雄梦"。

人生就像一场游戏，我们在其中充分地体验自己想要的剧情，扮演自己梦想的角色，在这个过程中体验挫折与成长，并把这些经验总结成"游戏攻略"，传播出去帮助更多的人。

通过 LUXX，我得以更加了解我自己，得以知道我做出诸多选择和拥有如此人生经历背后的原因是什么。以前我经常会纠结，觉得自己是不是选择错了，或者是不是有更好的选择。但是通过阅读自己的"说明书"，我明白我目前就是这样被"设定"的，当前对我来说最舒服的方式就是不断地学习、沉淀、传播自己的见解。

当然，任何分析工具都不是"算命"工具，即便是内在动机，也是会改变的。因为我们会成长，会逐渐理解处事规则，也可能变得更加圆融、通透、不执着。LUXX 既能解释目前的情况，也可以帮我们找到问题所在，并给出改进的建议和方向。

比如认可值高、荣誉值高、有序值高的人往往行动力很差，因为他们在意别人的看法，害怕做错；而且他们又特别守规矩，希望凡事都提前安排好，这就导致他们永远都觉得自己还没准备好，所以永远不敢开始行动。很多人羡慕我行动力特别强，那是因为我认可值低、荣誉值低、有序值低，说直白点，就是"没规矩""没顾虑"，因此我想到什么就能很快开始行动，不害怕做错。当然，这不是说像我这样就是好的，如果让我做行政、文员、财务这种需要细致、耐心的工作，我一定是做不好的。因此动机值没有好坏之分，而是要看具体的场景和问题。

我的很多来访者都有行动力不足的问题，他们有很多的想法却一直没有行动起来，因此感觉十分苦恼。面对这种情况，我就会建议他们一开始不要太追求尽善尽美，而是在行动中逐渐做到完美。有不少来访者在找我咨询后就像变了一个人，从之前的不敢行动到后来突飞猛进，如果让他们分别做两次 LUXX 测试，结果一定是非常不一样的。

从这些案例中可以看出，内在动机不一定是天生的，它们有可能是后天的"教导"或者社会上约定俗成的观念进入大脑而形成的潜意识，只要突破"潜意识"，我们的内在动机就有可能发生质的改变。

你可以罗列出自己的困惑或问题，再对照内在动机图谱去分析，找到困扰自己的问题，然后问问自己：我是否可以改变？把这个特质运用到其他地方是否可以带来更好的结果？是否应该换一个更适合自己的环境？……也许你的内在动机就会悄然改变。

通过未来找到行动方向

未来你想要成为什么样的人？这个问题的答案很可能暗含着你的天赋。比如你想成为一个特别有钱的人，那么你的天赋可能在商业领域；你想成为一个特别有文化的人，你的天赋可能是学习；你想成为一个艺术家，你的天赋可能是画画或其他创造活动……

所以我们可以尝试通过"做梦"来找到自己的潜在天赋。"做梦"还有个好处，就是一旦你有了自己的梦想，你就可以沿着实现梦想的方向行动。然而很多有梦想的人却卡在了行动这一关。

行动力不足的背后有很多的心理因素的影响，比如不自信、害怕做错、不知道该怎么做、怕被人嘲笑或评论等。即便能够快速定位问题的原因也无济于事，很多人可能明白了道理却依然做不到。这时候你可以通过一些真实案例改变他们对某件事情的认知或者看法，明白所有人都是从犯错开始的，犯错也没什么了不起，从而变得敢于行动。

比如我最近报了一个 21 天的短期培训班，在这个课程还没结束时，我就开始试着用老师教的方法变现了，没想到效果还不错，几天就把学费挣回来了。培训班的同学知道了以后都特别吃惊，说没想到可以这样。

我在今年开办天赋训练营的过程就更让人大跌眼镜了。一开始我只是有这个想法，什么都没准备，就在公众号文章里说最近有这个打算，感兴趣的人可以找我报名。我当时的想法是：如果没人报名，说明这个主题不合适，那我可以再换其他的想法，省得白白折腾。结果没想到居然有几十个人报名，于是我决定把天赋训练营办起来。

我利用春节假期的时间开始写 PPT，一开始只有十几页，但我并不满足于此，不断地找身边的老师、朋友帮我提建议，不断迭代修改，最后居然增加到了一百多页。我前后改了有几十版，最后的成果和第一版相比简直有天壤之别。春节过后，我开始做第一期 21 天天赋训练营，没想到效果非常好，第一期的口碑带动了第二期的报名，尽管价格涨了很多，报名人数还是多了一倍。

很多人听到这个故事后都感觉不可思议，觉得"刷新"了他们的认知。是的，大多数人习惯了先规划，再实现，认为一定要规划完美了才能拿出去见人。但我不是这样，我只要有想法了就会立刻开始行动，然后在行动中不断收集反馈意见再迭代优化。在别人还在纠结迷茫的时候，我早已经改了好几个版本了，那我的成果怎么可能会不好呢？

我经常跟我的来访者说："当你在商场里看中了两件衣服，你不知道该买哪件，最好的办法就是亲自试一试。如果不试，你永远都不知道哪件好。"

我也一直告诫我的学员，"先完成，再完美"，只要你开始行动了，你就比大多数还未行动的人厉害，因为他们目前是"0 分"，而你的分数无论如何都比"0 分"要高一点。

你可以按照表 3-8 写出自己的梦想，然后写出对应的行动。不要有任何犹豫，想到就立刻去做，不要等 1 年、3 年、5 年……要做就趁现在！

表 3-8

未来梦想 / 计划	立刻行动积累天赋
想成为一名咨询师	一边学习一边开始做公益咨询
想成为有百万粉丝的插画师	一边学习相关课程一边做作品集
想出版一本自己的书	立刻开始写作，写不下去就阅读别人的书

可能有的人会说，我都不知道我的梦想是什么，头脑一片空白。没有关系，接下来我会通过 6 个方法帮你找到自己的梦想，从而确定未来的行动方向，如表 3-9 所示。

表 3-9

标签法	榜样法	打分法	梦想清单	遗愿清单	成功日记
你最想拥有的标签是什么	你最羡慕谁？最关注谁	假如有足够的钱和时间，你会做什么	你近期有什么梦想或者心愿吗	如果你的人生马上就要结束了，你有什么遗憾	你今天有什么小成就

标签法

你可以问问自己下面这 3 个问题。

我希望别人如何称呼我？

我希望名片、微博、微信上的头衔是什么？

我希望自己墓志铭上的称谓是什么？

这些问题其实并不容易想清楚，我建议你给自己留一个安静不受打扰的空间，好好思考一下这些问题的答案。我真的见过有的人花了三四个小时，写了几百个答案，最后才终于写出了一个让自己满意的答案。

所谓的"满意"，不是让你的头脑满意，而是让你的内心为之深深触动，甚至有为它激动落泪的感觉，那才是真正让你满意的答案。

当然，如果你没有找到那个打动自己内心的答案也不要紧，你可以先把和现在的工作或者生活相关的标签汇总下来。比如我自己的标签有一线互联网公司总监、心灵成长作家、天赋挖掘导师、副业赚钱咨询师、个人成长教练……这些标签可在日后制作自己的个人名片时使用，让更多人认识你、了解你，从而促进天赋变现。

榜样法

我在"认知篇"里简单提到过榜样的作用，在这里我将详细举例，说明如何通过榜样找到自己的天赋甚至人生方向。

你可以问问自己下面这 3 个问题。

我喜欢谁／最近关注谁？

我关注的人有什么身份特点？

我羡慕他们什么？

然后尝试填写表 3-10。

表 3-10

我目前关注的人	某知名作家	某网络红人	某公众号博主
身份／特点	畅销书作者／广告人／教授／旅行家／影评人／演讲家／百万粉丝……	前互联网运营总监／畅销书作者／职业规划咨询师／社群运营专家／二胎妈妈	出生于农村／中学学历／公众号拥有数十万粉丝／做线上线下课程／现在已放下一切去山区种树
最羡慕他们什么	多重相关身份／自由	自由／逆袭速度快／收入高／能平衡好不同身份／擅长营销	真性情／有魄力／敢于放下一切／营销能力强
共性	自由、自信、利他、高收入、传播思想、逆袭、营销能力强		

你可以按照这个方式梳理出你的榜样间的共性。你最关注的人可以是公众人物、老师、朋友、长辈，甚至是孩子。无论他们是谁，他们一定是适合你当前学习和参考的对象，他们身上有你的影子，他们是你想成为的样子，他们身上的某样特质深深吸引了你，不断带给你鼓舞和正能量。

通过梳理这个表格，我才"意外"地发现，原来我关注的这 3 个人有这么多的共同点，以前我一直觉得他们风马牛不相及。而他们之间的交集，一定就是我之前不知道的自己最感兴趣的部分，所以我很有必要在这个基础上做进一步的分析。

比如这 3 个人最大的特点和成就，是能够做到身心方面的自由，从而实现了人生的"逆袭"。当然我这里说的"逆袭"不是很多人理解的那样从出身贫寒到功成名就，我指的"逆袭"是获得身心的自由。

结合前面所有的分析，我得出了我人生的终极目标是"身心自由"，而实现"身心自由"的能力就是我可能的天赋。此刻我觉得无比感动，觉得这个目标触及了我的内心，因此我确信这就是我未来的目标。如果你在写下你的终极目标时毫无感觉或非常有压力，而不是感到激动或者幸福，那你可以继续深度分析，真正的目标一定会让你有不一样的感受。

可以把分析结果按照表 3-11 的形式总结出来。

表 3-11

终极目标	身心自由
解释	• 身体自由（可以自由安排时间，可以去任何想去的地方，做任何想做的事情） • 财富自由（收入足够让自己过上理想中的生活） • 心灵自由（快乐、无限制、思想不断提升、不受琐事缠绕）
需要做的事情	学习提升、传播思想
需要的能力	写作、授课、营销
需要的人格特质	自信、利他、勇敢（不怕丢面子，不在乎别人怎么看）、有魄力、打破限制、正能量……

在这个表格里，"需要做的事情""需要的能力""需要的人格特质"都可以参考榜样是怎么做的，榜样具备怎样的人格特质。

这样，我的目标、形式就有模有样地呈现出来了，未来应该怎样行动、怎样改变，都可以从中得到指引。

打分法

打分法和前面说的"综合打分法"是一样的，只不过综合打分法是对现在的情况进行打分，而打分法是对未来的情况进行打分，如表 3-12 所示。

表 3-12

想做的事	依据					总计	排名
	时间	学习	金钱	开心	分享		
旅游	50	25	45	40	30	190	1
心灵课公开演讲	20	10	0	20	20	70	3
开公司	10	10	10	10	10	50	5
国学传统	10	20	15	10	15	70	3
心灵成长咨询	10	35	30	20	25	120	2
总计	100	100	100	100	100	—	—

你可以想象一下，如果有一天你有足够的钱和时间，你最想做什么，想学习什么，愿意花钱做什么，做什么会很开心，和别人分享什么你会很得意。

把想到的内容依次罗列出来，并凭感觉为每项内容打分，每一列的总和是 100 分。打好分数后再横向累加，排出名次。如果你感觉最后排名的结果和自己内心的预期差距较大，可以再调整分数。

通过打分法，我发现我最大的梦想是如果有时间可以环游世界，然后是通过一对一咨询快速解决别人生活中的困惑，而后是开展心灵成长方面的公开演讲和学习国学精粹，最后是自己开一家公司。当然，这是我去年写的，我当时觉得这些梦想遥不可及，可是短短半年不到，除了环游世界外，所有的梦想都已经实现了。

所以不要轻视梦想的力量，只要我们把它写出来，就是在有意识地"聚焦"它，这样自然比头脑一片空白时更容易实现自己的梦想。

今年，当我重新按照这个方法罗列我的梦想时，我发现内容已经完全不一样了，如表 3-13 所示。当你开始使用这个方法，你的人生就会进入"快车道"，你不得不每隔一段时间就更新你的表格内容。

表 3-13

想做的事	依据						
	时间	学习	金钱	开心	分享	总计	排名
拍科幻电影	30	30	35	35	40	170	1
写电影剧本	25	25	20	30	20	120	2
去印度旅行	10	15	25	15	15	80	4
造访外太空或高维空间	25	20	15	10	15	85	3
写小说	10	10	5	10	10	45	5
总计	100	100	100	100	100	—	—

其实今年我一开始写的时候也是大脑一片空白，不知道要写什么，觉得自己好像暂时没有什么梦想，而去年的那些梦想现在都不感兴趣了。那我到底想要做什么呢？我凭借直觉写出了当时出现在脑海中的东西，不管它们看起来多么不靠谱，多么不可行，都没有关系，把它们写出来就是了。写完以后我自己都吓了一大跳，觉得太不可思议了，但同时又觉得内心很舒畅，对未来充满了期待和憧憬，有梦想的感觉真好！一个月以后，我发现居然有两项已经实现了，太神奇了！

可是我在做课程的时候，发现很多学员在这里都会被卡住，说自己想不到有钱有闲的时候的状态，自己也没有什么梦想。如果出现这种情况，我建议降低难度，从写梦想清单开始。

梦想清单

梦想清单中的内容就是你最近想要完成的事情，它可以是很大的梦想，也可以是非常小的事情。

希望明天可以 6 点起床。

希望这个月可以读完一本书。

希望下个月可以去旅游。

希望 3 个月可以瘦 5 斤。

…………

当你感觉没有目标、没有方向，每天都无所事事，或者对自己的人生不满意时，你可以尝试写出自己的梦想清单，这个方法实在是太好用了。因为我发现通过这种方式，很多梦想在不知不觉间就完成了。

比如我前一阵子无意中翻到了自己几个月前写的梦想清单，意外地发现清单上的绝大部分事情都完成了，甚至有一些事情我都不记得了。

我越来越发现，只要你有了某个想法，它就真的会潜入你的意识里，潜意识会在不知不觉间帮助你实现这个想法。比如你希望第二天 6 点起床，你只要想着这个事情进入梦乡，即便不上闹钟，也很可能在第二天 6 点的时候醒过来。我自己就经历过很多次这样的情况，这就是潜意识的厉害之处。

很多科学家、艺术家、文学家，都很会利用自己的潜意识，在放松、睡着的时候获取灵感并解决困扰自己很久的问题。而实现梦想其实也是利用了类似的原理，我们先集中精神去想某件事，并且相信它能够完成，然后再把它"忘掉"，这样潜意识就会自动运转，竭尽所能帮助我们去完成这件事。

所以仅仅是养成写下来的习惯，就可能会起到不一样的效果。

遗愿清单

遗愿清单也可以称为"不遗憾清单"，它和梦想清单看起来很像，实际上并不一样，梦想清单帮你聚焦正确答案，而"遗愿清单"可能会帮助你排除错误答案。想象一下如果今天是你人生中的最后一天，有什么事情是你想做但是一直没做的？如果没做这件事是否会让你觉得遗憾？在最后一天，什么是真正重要的？什么是你一直在做但其实并不重要的？梦想也许遥遥无期，但是"遗愿"会让你忍不住立刻行动起来。

我第一次写遗愿清单的时候，没有想到自己居然写下了"拒绝我不想做的事情"这么一条。当时有一家合作机构让我帮他们录一个宣传视频，他们提了很多很多的要求，让我照做。由于他们并未事先跟我商量而且催得很急，所以我非常不情愿，但是又不好拒绝，想着忍一忍，赶紧录完就好了。在写遗愿清单的时候，我猛然发现，如果我委屈自己、答应了他们的请求，那么我真的会很不开心，而且我会后悔为什么没有勇气拒绝不合理而且我不想做的事情。这样委屈自己就为了做个没有边界的"老好人"吗？如果我的人生还剩最后一天，我还会这样做吗？

想到这里，我立刻联系了对方，说我不想录，如果他们觉得接受不了可以找其他人合作。没想到对方一改之前咄咄逼人的语气，反而向我道歉，说他们也只是临时起意，而且一开始就做好了被我拒绝的准备，希望我别往心里去。

于是，这件让我烦恼了多天的事情就这样愉快地解决了。我整个人感觉神清气爽、血脉畅通，自信、勇气、快乐瞬间都回来了。我为自己感到无比骄傲，因为我终于突破了原来的自我。同时我也不得不感叹：遗愿清单真的是太好用了。

成功日记

成功日记也可以称为"成就清单"，如果说梦想清单关乎未来，遗愿清单关乎现在，那成功日记就是关乎过去。

成功日记可以帮助我们不断地肯定自己、重拾自信，还可以帮助我们积累重要的成就，而不至于让人生一片空白。想象一下如果你在工作中参与了一个重要项目，突然有一天里面的数据全部丢失了，你会多么生气。同样，在我们的人生中产生的各种重要"数据"，我们对它视而不见，以至于回忆的时候无从下手，这是多么可惜！

我第一次知道成功日记，是在图书《小狗钱钱》里看到的。从主人公吉娅的身上，我看到了过去的自己。

比如吉娅总觉得自己太普通了，家里也没什么钱，觉得自己的梦想无比遥远。有一天她领养的小狗突然说话了，教给了她很多理财的道理和方法，但吉娅总是持反对的态度，觉得这不可行，那也不可行。

然后这只小狗就对她说："你有没有发现，你首先考虑的总是事情做不成的原因？"

看到这里我真是感慨万分，因为以前我也像吉娅一样，总是喜欢否定自己，害怕被人质疑，害怕丢面子，不敢行动……吉娅就像我的镜子。她后来取得的成功以及她为此做出的改变，就好像在告诉我应该怎样改变才能带来生活的改变。

后来，在小狗钱钱的建议下，吉娅开始写成功日记，这样她就可以把精力聚焦在成功或可以做到的事情上。看了她的日记，我才发现原来"成功"不一定是我们想的那样，不是非得功成名就才算成功，生活中每一个小小的欣赏、鼓励、决定、成就都是成功。

比如她在日记中这样写道。

金先生给我讲解的内容，我很快就明白了。

我做了一个很好的决定：我要把自己全部收入的 50% 存起来。

我有生以来第一次乘坐了劳斯莱斯汽车。

金先生表扬了我。

…………

后来我就按照这个思路写了我自己的成功日记，如表 3-14 所示。

表 3-14

日期	成功事件
7.1	在公众号发表了《千与千寻》观后感，我离心灵成长作家又近了一步
7.2	离职办得很顺利，恭喜自己告别过去
7.3	在极客时间上完成了 12 万字的增长专栏，太棒了
7.4	入职新公司，发现居然有班车，太意外了
7.5	发现新公司虽然离家很远但是不堵车，之前的担心完全没有必要
7.6	听了一节线上时间管理课程，太有收获了，马上用起来
……	……

就这样，我发现其实生活中每一天都有值得惊喜和开心的地方，每一天都有成功的事情可以写进来。学会鼓励自己、肯定自己，我们自然会变得越来越好。当你积累了足够多的成功的事情，你自然会慢慢地从中发现自己的天赋。

最重要的是用这个方法可以很好地提高我们的自信。自信有多重要呢？只有自信，我们才能发挥天赋才华，才能快乐地赚到钱，才能成功。没有自信，就什么都没有。

我遇到过太多人跟我说：我有好多的想法，但是我觉得自己现在经验还不够，还需要时间去积累，我计划先学习××××，然后×××年后开始×××，最后再×××……

还有很多人问我：我行动力比较差，最近想做一件事情，但是不知道怎么规划比较好，你能不能帮我提提建议？

我说："你之所以行动力差，就是因为你认为'必须要规划好才能行动'，但是不在行动中试错又怎么能规划好呢？我永远都是建议大家一边做一边学，而不是先学再规划再行动。因为学习和规划永远都不会结束，而这只会成为你永远不行动的借口。"

"害怕自己不够好""害怕犯错"的恐惧，正在破坏我们的生活，阻碍我们朝自己的梦想迈进。只要克服了丢面子的恐惧，世界的大门就会向你敞开！

按时间线"组装"天赋

现在，我们通过这么多的方法已经得到了很多结论，可以把它们按时间线分别填到表 3-15 中对应的位置里。

表 3-15

时间线	过去	现在	未来
描述	历数过去，挖掘优势	多维视角，挖掘特质	以梦想为行动方向
方法	**回忆悲惨时刻** 内心强大、倔强； 行动力强； 不安于现状； 有创意，喜欢打破传统	**逆向思维法** 专注； 特立独行； 思维敏锐、一针见血	**标签法** 称呼：有思想深度的人； 头衔：改变人类认知； 墓志铭：改变人类智慧进程的思想家；在解放人类思想方面起到革命性的作用等
	回忆高光时刻 背诵历史知识（和传统文化有关）； 打字（和现在的写作有关）； 时间规划管理； 心灵成长、人生哲学； 电影解读	**朋友观察法** 见解独到、时间管理； 专业、写作； 解决问题	**榜样法** 《三体》作者刘慈欣。 诺贝尔文学奖获得者莫言，享有极高的盛誉。 《哪吒》导演饺子，开创中国动画史奇迹。 徐峥曾打破票房纪录，《囧妈》开创在线首映先河。 歌手彭磊，不在意他人看法，自由活出自己

续表

方法		**综合打分法** 知识星球运营； 写作； 心灵成长课程； 设计专业课程； 咨询 / 教练	**打分法** 拍科幻电影； 写电影剧本； 去印度旅行； 造访外太空或高维空间； 写小说
		性格测试法 低荣誉值（灵活、喜欢同时做很多事情）； 高求知值（喜欢探索事物本质）； 低有序值（逻辑能力强但喜欢不按常理出牌）； 低安宁值（喜欢折腾）； 低浪漫值（务实，注重实际价值）	**梦想清单** 能够开一些好玩的、稀奇古怪的课程。 扩大受众群体。 开一家自己的学校，就像魔法学校一样，和一堆好玩的学生在一起。 开发各种"超能力"，大胆实现创意
			遗愿清单 都没有时间好好看科幻电影，游山玩水，去有意思的科技场馆。 没有来得及多出去看看、开拓视野。 没来得及做一些让人跌破眼镜的有创意的事
			成功日记 跨界心灵成长作家成功。 跨界天赋挖掘导师成功。 跨界咨询课讲师成功
作用	**找到成功规律** 有想法，而且会按照自己的想法做事，不太在意他人看法，以打破常规为乐趣。 隐藏天赋：传统文化、写作、时间管理、心灵成长、电影解读	**定位差异特征** 创新、跨界、有产出。 隐藏天赋：写作、心灵成长	**围绕目标行动** 运用灵感，试着写自己真正想写的突破边际的东西，说不定可以成为电影剧本。 隐藏天赋：科幻作者、学校校长、创意课

我填这个表格用了很长的时间，本来想用去年的结果，但是发现放在今年已经不适用了，只好重新来过。没想到写出来的内容完全颠覆了我自己的想象。了解自己真的是一个漫长的过程，更何况我们还在不断成长、不断变化。

当我写完这些内容的时候，我由衷地感到舒畅，因为在这之前，我已经情绪低落很久了。

我不知道为什么低落，我一直在按照过去的梦想安排计划、不断地前进着，每天的事项安排得密密麻麻，却感觉一点乐趣都没有。我甚至开始请各种咨询师和老师帮忙解惑，仍然没有任何改善。直到我在写这部分内容的时候，决定更新一下信息，这才找到了问题的根源：我没有用发展的眼光看待我自己，我没有想过再次用自己的方法找答案。过去我受益于此，就以为那个时候找到的天赋和梦想是固定的，我要一直按照这个方向走下去，却没有考虑到去年对我来说有挑战性的事情，今年已经不再那么有吸引力了。

所以随着我们的加速成长，梦想和天赋的范围也会越来越宽广，那个时候我们就需要按照这个方法对梦想和天赋进行更新，就好像软件需要定期升级一样。

希望看到这本书的你也可以按照书中的方法找出自己的梦想和天赋，在遇到解决不了的问题时再把它拿出来，相信这本书一定可以解决你的困惑。因为我自己就是多次受益于这些方法。

也许你会觉得我表格里写的内容太不靠谱了，但是没关系，"梦想总是要有的，万一实现了呢"？

天赋篇：360 度创意挖掘天赋

在本篇里，我使用十几种不同的方法帮助你挖掘自己的天赋。建议给自己留出几小时的时间，在不受打扰的环境中阅读本篇内容，因为你不仅需要读，还需要跟随我的方法写写画画，直到挖掘出自己的天赋。

扫码或扫描 AR
触发图看视频

目标篇：
聚焦梦想加速实现

在上一篇挖掘天赋中，我们引出了一个重要的概念——梦想。以前常听到一句话，"人如果没有梦想，和咸鱼有什么区别？"是的，梦想就好像一个人的灵魂，支撑着他不断突破自我；而没有梦想的人就好像行尸走肉，被动地跟着大环境走，满足别人的要求，日复一日地完成相同的工作。

其实，每个人都有梦想，它和天赋类似，在不断重复的工作生活中被我们逐渐忘记了。我们把梦想深埋在了心中，现在是时候重新开启它了！

梦想、天赋与目标

既然梦想和天赋都深埋在我们的心中，那它们是一回事吗？我们常说的目标和梦想又是什么关系呢？

聚焦梦想，射出天赋之箭

如果要用一句话来说明梦想、天赋、目标之间的关系，那就是梦想决定方向，目标聚焦梦想，而天赋就是射向目标的箭。

比如，我想去某个地方，这是我的梦想；目标就像导航仪，会告诉我具体位置；天赋就像汽车，把我带到目的地。

也就是说，抛开梦想，目标和天赋的意义荡然无存。就好像你拥有了导航仪和汽车，但是你不知道目的地在哪里，那就只能没完没了地兜圈子，还可能离自己想去的地方越来越远。这就解释了为什么我们在工作中都有目标，也都有自己独一无二的特点，最后却活得非常雷同：大部分人没有自己的梦想。

而梦想会自然而然地带动天赋和目标出现。比如我很小的时候去同学家玩，看到了她妈妈写的书，那个时候我就非常羡慕她的妈妈，羡慕她妈妈可以不用上班，可以自由自在地做自己喜欢的事情，可以对自己感兴趣的事情发表看法。我不敢想象自己有一天也可以成为作家，但那份羡慕已经悄无声息地在我内心深处播下了种子。长大后我居然也成了作者，写了几本书。

如果没有那份羡慕，我想我不可能有今天的成果。

而我们的人生充斥着"成绩""目标""绩效"等词语，很少有人提及"梦想"，似乎梦想就代表不切实际，或者被认为是站在金字塔尖的人才配拥有的"奢侈品"，而普通人只能乖乖地执行他人设定好的任务，为他人的梦想效力终生。

其实，我们每个人都可以拥有梦想，只要你敢想，就有可能实现。就好比你一定是先有了去天安门的想法，才可能去天安门；如果你从来都没有过这个想法，就很难去实现它。我人生中之前很多看似不可能实现的梦想后来都慢慢实现了，因为我很喜欢展望未来。遗憾的是，很多人提起自己的梦想却头脑一片空白，不是他们没有梦想，而是他们不敢去想。成年人最大的悲哀莫过于失去了做梦的勇气。

梦想不是空想，而是人生指南针

梦想绝对不是空想，它在我们的现实生活中可以起到非常重要的指导作用。

首先，梦想帮助我们专注，让我们聚焦在最有价值的事情上。这和目标的意义还不一样，目标未必是最有价值的，只是你自己认为必须要做的。

比如有的人给自己定的目标是早上 6 点起床，然后跑步、学英语、看书……表面上看十分充实，实际上很难长期坚持，因为这并非他发自内心的愿望。只是他认为这是一种积极的生活方式，所以应该遵守，如果不遵守自己就是一个没毅力、不上进的人。

但梦想就不一样了，梦想是你发自内心的愿望。这个愿望是你最应该分配时间和精力去做的事情。在梦想面前，其他事都可以被抛到脑后，这样你的时间就不会被不重要的琐事所挤占。

在写这本书的时候，我接到了很多邀约，有的平台希望我在它们的平台上开设付费课程，有的社群想请我做分享，有的朋友想约我吃饭……如果我没有梦想，我很可能就会一一答应，但是当我心中一直惦记着写书这件事时，我就会把其他不那么重要的事情都推掉或者延后。这是"优先级"的概念，而梦想就是帮我排出优先级的最佳工具。

很多人惊叹我的效率怎么这么高，能在这么短的时间内产出这么多东西。其实每个人的时间和精力都是有限的，高效的人只是更会排优先级而已。

其次，梦想可以帮助我们明确方向，提升行动力。就像我在上一篇的"通过未来找到行动方向"里说的，一旦我们有了梦想，就赶紧去做，片刻都不要犹豫。比如我出版的书、我的咨询、LUXX 认证、教练认证、我的课程，无一不是"想到就去做"的结果。

比如我学习个人成长教练只有几个月时间，论表现、论成绩在班里都很不起眼，但我在短短几个月的时间内累积了超过 100 小时的教练时数，在班里位居第一；我的天赋课程开设从想到做，只用了不到一个月的时间；天赋课程刚做了两期就计划写这本书；接下来我还要继续开设很多新的课程……

只要你敢于立刻着手去做，梦想就绝对不是空谈，并且会给你带来丰硕的成果。

最后，梦想可以帮助我们避免纠结、减少内耗。普通人大部分的时间都用于内耗了，为什么这么说呢？

举个例子，明明想做一件从来没做过的事情，但是害怕自己做不好，于是不敢去做，可是不做又觉得不甘心。表面上看他什么都没有做，其实他内心已经涌现出几万个互相排斥的念头了。

这就是普通人的生活写照：充斥着焦虑、烦恼、纠结、选择、迷茫……但是又什么都没有做，时间久了一事无成。

而梦想会帮助你破除一切阻碍，坚定不移地前行。比如我前段时间感觉特别迷茫，觉得人生非常无趣，而且涌出了很多的担心，担心自己赚不到钱，担心没人买我的书，担心自己一直就这样了……但是当我通过打分法重新找到梦想时，那些担心瞬间就没有了。即便我知道写小说很难赚钱，甚至很难发表，而且我在这方面一点经验都没有，按理说我应该更担心、更焦虑才对，但是对写小说发自内心的热爱和激动已经淹没了这一切担心，我脑中只有关于这件事的想法：明天开始怎么样？找一些这方面的老师咨询一下？要不要跟几个朋友分享一下我的激动和兴奋？

发现新的梦想、进入狂喜状态后，哪里还有心思纠结和内耗呢？

制定目标的 SMART 法则

如果你想让梦想加速实现，那就要学会"目标化"你的梦想。

举个例子，你的梦想是有一套大房子。这个梦想听起来就非常模糊，越模糊就越难以实现。想象一下，这个世界有一家"梦想邮寄公司"，它收到客户的订单后就会发出相应的货物，而如果这个订单不够清晰明了，那邮寄公司就不知道应该发送什么货物给客户。

反之，如果你的梦想是在 ×× 城市的 ×× 区的 ×× 位置拥有一套 ×× 平方米，价格在 ×× 元左右的房子，那这个梦想就清晰得多了。

所以，高效、行动力强的人不仅有梦想，更知道如何将梦想制定成可行的目标。

关于制定目标，有一个很好用的工具推荐给大家。我们大都听说过 SMART 法则（S=Specific、M=Measurable、A=Attainable、R=Relevant、T=Time-bound），SMART 这 5 个字母分别代表"具体""可衡量""可实现""相关性""期限"。通过这个法则，我们就容易制定出合理、可行的目标。

什么是"具体"呢？你可以问问自己下面这个问题。

我能描述出梦想实现时的具体画面吗？

比如我以前有个同事说自己当年只是一个修理工，有一次他去一栋高档写字楼完成修理任务时，隔着玻璃看到了里面的工作人员，他当时好生羡慕，并暗暗下了决心：我一定要像他们一样，在这样的办公楼里工作，有自己的格子间和电脑。后来他报了一个培训班学习互联网技术，结果真的进了互联网公司，在类似的写字楼里工作。

所以你的梦想一定要具体，越具体越好，你可以想象梦想实现时的那个画面，当那个画面逼真到和现实难以区分的时候，"梦想邮寄公司"就会给你发货了。

那什么是"可衡量"呢？你同样可以问问自己下面这个问题。

这件事能用数字量化吗？

比如我曾经的梦想是"希望在 10 年内帮助 100 万人找到天赋梦想"，这就是一个可量化的目标。只有当你的梦想可量化时，你才能够检验梦想是否实现，才能让你的行动更加高效。

如果我的梦想是"帮助别人找到天赋"，那问题就来了：帮助一个人算实现梦想吗？梦想的实现有时间限制吗？50 年后是不是也可以？

由于这样的梦想无法量化，因此难以给你的行动带来指导，你很可能想着想着就忘了。而可以量化的梦想自带行动力，这就是为什么各大公司都非常喜欢用绩效激励员工。如果老板跟大家说："我们今年的业绩一定要比去年更好！"那就相当于没说，员工也不可能有激情有行动力，最多就是按照去年的做法再来一遍。但如果老板说："我们今年的业绩一定要比去年翻两番！"那员工立刻就会加紧规划，思考如何才能完成这个目标。

接下来，我们再看看什么是"可实现"。

我相信这件事可以完成吗？

有的人说自己的梦想是成为大明星，有的人梦想中 500 万元大奖，有的人希望自己成为公司高管……

梦想不是不可以有，但是你的梦想一定不要超出你的能力范围太多，导致你自己都觉得不现实。比如成名、中大奖、晋升为高管，这些梦想不是完全靠努力就可以实现的，这里面还有运气和其他因素在左右着，因此你的梦想最好是你自己可以把控的，不用过度依赖他人或环境因素。

当然，梦想也要尽量超出自己目前的能力范围，否则就会像白开水一样让人提不起精神。我最近给自己列了很多的目标和计划，比如写新书、做新课程、完成教练进阶学习等，表面上看很充实，但我感觉每天都提不起精神。后来我才发现，因为这些事情完全在我目前的能力范围之内，没有什么挑战，所以我自然就没什么激情。

因此我建议，梦想应该是那种你很期待，一想到就非常激动，但又不是百分百能实现的事情。这样你才会发挥出自己的潜能，并且在实现梦想后感觉无比兴奋。就好像运动员打破世界纪录一样，能打破吗？有可能！难吗？挺难的！所以我们会看到，运动员每打破一项世界纪录，都会欢欣鼓舞，因为这就是实现梦想的快乐。

那什么是"相关性"呢？

我可以把总目标拆解成一个个阶段性目标吗？

一般来说可量化的目标都是可以被拆解的。比如"10 年内帮 100 万人找到天赋梦想"可以拆解成"第一年帮助 500 人找到天赋梦想"。

最后看看什么是"期限"。

具体的完成期限是什么时候？拆解后的完成期限是什么时候？

目标一定要有期限，否则这个目标是没有意义的。比如"一年内瘦 10 斤"，就比"我要瘦 10 斤"这一目标更清晰，也更容易指导自己制定规划去完成。

接下来我们看看，SMART 法则如何和我们的梦想结合起来，形成"梦想北极星"。

找到你的"梦想北极星"

什么是"梦想北极星"呢？顾名思义，它就像北极星高高地挂在天空中，指引你前进的方向并给你动力。如果不运用 SMART 法则，梦想就只是梦想而已，如同天空中的繁星点点，虽然美好却无法给你具体的方向。而如果没有天赋，即便你知道了方向也无法前进，因为"巧妇难为无米之炊"。

所以，如果你想让梦想真的实现，那就要设定包含梦想、目标和天赋的梦想北极星。

梦想 + 目标 + 天赋 = 梦想北极星

举个例子，有一个人的梦想是"成为一个有价值的人"。那我就会问：什么是"有价值"？你如何衡量或定义"有价值"？这个梦想能告诉你应该如何行动吗？

但是，如果他运用 SMART 目标法则并结合天赋，那么他的梦想北极星可能是"10 年内传播国学精粹影响 100 万人"，并且可以对此做进一步的分解和规划。很明显，梦想北极星清晰、可量化、方向明确，并且顺着梦想指引的方向我们可以立刻采取行动。

就像我前面说过的，我们想去某个地方（梦想），要有导航仪（目标），还要有汽车载我们去（天赋），这样我们才可能到达目的地。

梦想 + 目标 + 天赋 = 梦想北极星

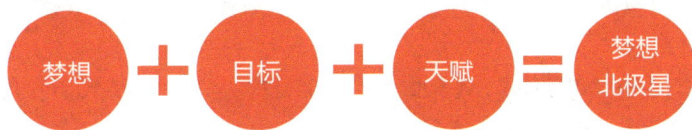

而这个汽车是为了梦想服务的，同样一部汽车，可以开向"天堂"，也可以驶向"地狱"。

所以，天赋固然重要，但更重要的是梦想的指引，尤其是目标化的梦想。

梦想的参考范围

对于无论如何都想不出梦想的人来说，我会给他一个参考范围，分别是财富 / 事业、情感、社交、自我实现，如表 4-1 所示。一般来说，我们的梦想不会超出这个范畴。

表 4-1

类别	财富 / 事业	情感	社交	自我实现
参考内容	收入达到 ××× 元	自己快乐、状态好	通过优势找到与自己相似的人	成为更好的自己
	扩充变现渠道	家人和睦平安	通过劣势找到与自己互补的人	成为某领域的专家
	打造个人品牌	夫妻关系融洽	彼此滋养，共同实现梦想	帮助别人实现自我价值
	成为自由职业者	亲子关系健康	和厉害的人成为朋友	对自己诚实
	孵化、共赢	祖国繁荣昌盛	为他人创造价值	好好爱自己
	……	……	……	……

表格里的内容仅作参考，大家一定要写出自己心中真正的梦想。

在我的天赋训练营里，我经常看到很多学员写下这样的梦想："希望年入百万""希望成为总监"……

梦想没有对错，我也从不愿意过多干预他人的梦想，况且我自己也曾经有过这样的梦想，但是作为过来人，既然看到了，还是会忍不住说几句肺腑之言。

我发现在我立志要成为总监的那几年，我过得非常辛苦、非常不快乐。后来我改变了想法，专注于专业创新，引领更多人顺应趋势，结果我很轻松地做出了成绩，后来便自然而然地成了总监。

类似的还有减肥，如果你把"每天做 100 个俯卧撑""3 个月减 10 斤"等作为目标，你会很难坚持下来；但如果你希望"像 ×× 一样有 8 块腹肌"，这个美好的梦想就更容易促使你每天做运动。所以，不管是梦想还是目标，如果它不能让你感到快乐、振奋，那它就不是正确的梦想或目标。

如果你想成为总监或者想赚很多钱，那么请问问自己，你背后真正的诉求是什么？是为了光环还是名利？你是否想到它就有一种激动流泪的幸福感和使命感？如果没有，那很可能你还没找到真正的梦想。

很多已经找到梦想的人，会自己独处很长时间，在纸上写出他们真正想要的，可能要写出好几百个，才会遇到那个让自己心动的词。所以不要过快地写出你认为正确的答案，而是要多给自己一些时间，直到你写出内心真正想要的答案。然后再用 SMART 法则，结合天赋将其量化。

我真的不建议把成为总监或赚多少钱当作你唯一的目标或者梦想，它们只是你在实现价值后自然而然得到的结果，而不是你要为之奋斗的终点、它们带给你的往往是压力而不是幸福感。学会让自己幸福，比成为什么更加重要。

梦想北极星

现在是时候根据 SMART 法则完整地呈现出我们的梦想北极星了。在呈现梦想北极星时，还有几个需要注意的地方。

首先，梦想北极星是为提高我们的生命质量服务的，而不是用来束缚我们的。很多人会问我："我定好了目标，但是感觉压力好大，应该怎么办呢？"这个时候你就要特别警醒了：这个目标是你真正想要的吗？好的目标一定会让我们充满动力，而不是充满负担，否则和被动完成任务又有什么区别呢？本来想释放自我，结果却又套上了另一层枷锁，那就没有意义了。

其次，目标不是一成不变的，它可能会变化，可能会迭代。有的人不知道该怎么设定目标，发现自己没有思路就不写了。而有的人会先凭感觉写出一个目标，然后在行动的过程中探索并调整目标。所以目标不是固定的，它可以很灵活。当然我们也不能随意地把目标变来变去，否则就失去了设定目标的意义。

最后，长期目标和短期目标都要有。长期目标给我们希望，短期目标让我们立刻着手行动。

可以按照表 4-2，分别写出你的梦想北极星、想象中的梦想实现的画面、时间轴、里程碑和标签。在写的时候，记得参考"按时间线'组装'天赋"部分或把这部分内容也添加进来。

表 4-2

梦想北极星 （梦想 + 目标 + 天赋）	3 年内用不同的有创意的方式唤醒百万人成长			
梦想实现的画面	我成了一个跨界杂家，在影视、游戏、写作、慈善、演讲等多个领域都有我的身影，我无处不在，不断打破传统方式，刷新受众的认知			
时间轴	1 个月	6 个月	1 年	3 年
里程碑	出版《生命蓝图》	出版《你的天赋价值千万》；开设线下工作坊，每期都讲不同的内容	出版一本科幻类的书；丰富线上课程和线下工作坊内容	涉足非出版领域；探索其他的变现渠道；提升社会影响力
标签	心灵成长作家	天赋变现导师；个人成长导师	心灵成长导师；畅销书作家；×× 文学奖获得者	有影响力的作家、编剧、导演、教育家
成功规律	有想法，而且会按照自己的想法做事，不太在意他人看法，以打破常规为乐趣			
天赋	时间管理、写作、电影解读、传统文化、心灵成长、科幻、教育、创意			
差异特征	创新、跨界、有产出			
新的行动	运用灵感，试着写自己真正想写的突破边际的内容，说不定它可以成为电影剧本			

不要担心你的梦想荒诞不经，不要害怕被人嘲笑，想到什么就勇敢地写下来，哪怕是"瞎写"。不得不说，这个方法真是太好了，在写之前我还感觉对未来非常迷茫无措，而且内心充满了担忧和紧张，但是在写的过程中，我突然感觉十分舒适、放松，并想到了很多的好点子。因为梦想和天赋，总是让我们朝积极的方向去想，这样自然就减少了负能量。而当我们

处在积极的正能量状态中时，我们就很容易获取灵感，从而能用更轻松的方式处理更棘手的问题。

所以，当我们被负面思想缠身的时候，不要任其发展，而要反过来往好处想，可以看看自己的梦想北极星，或者写写梦想清单和成功日记，这样可以帮助我们快速改变当前的能量状态，从而解决问题。

有一本书叫《意念力》，作者霍金斯把不同的情绪状态与具体的数值进行匹配，当我们的能量值突破 200 的时候，一切就会自然而然地好转，就好像运行的车轮会由于惯性不断向前一样；但是可惜的是，在大部分时间里，我们大部分人的能量值都处于 200 以下。所以 200 是个关卡，是消极信念和积极信念的分水岭。我在《生命蓝图》里就曾经提到过：有什么样的信念，就会呈现出什么样的剧情。总之，积极的信念对我们的人生至关重要，而无论是天赋、梦想，还是梦想化的目标，对我们的人生都可以起到积极的引导作用。

当然，不要忘了，一定是梦想在先，目标和天赋在后，这样才能起到事半功倍的效果！

目标篇：聚焦梦想加速实现

在上一篇挖掘天赋中，我们引出了一个重要的概念——梦想。以前常听到一句话，"人如果没有梦想，和咸鱼有什么区别？"是的，梦想就好像一个人的灵魂，支撑着他不断突破自我；而没有梦想的人就好像行尸走肉，被动地跟着大环境走，满足别人的要求，日复一日地完成相同的工作。

扫码或扫描 AR
触发图看视频

定位篇：
多维定位 + 变现公式

有了梦想，明确了天赋以及未来的行动计划，这个时候大家往往会提出以下两个问题。

我写了好多计划啊，哪个都想做，但是我的时间和精力有限，应该重点做哪个呢？

怎样才能快速变现呢？

这就不得不提到一个重要的概念：定位。定位不仅可以帮助我们聚焦天赋、为事情排列优先级，也能为后面的变现打下重要的基础。

会为事情排列优先级有多重要？不夸张地说，**优秀的人和普通人比起来，最重要的区别就是优秀的人会抓重点，会排优先级**。所以在时间和精力有限的前提下，优秀的人总能有更多的产出，而普通人虽然一天到晚都很忙碌，却总感觉一事无成。

再说说变现，虽然变现不是我们实现天赋的主要目的，但是如果能做自己喜欢的事情还能顺便赚到钱，那不是更好吗？

而定位，正是天赋和变现之间的桥梁。

天赋和变现之间的桥梁

无论是兴趣还是天赋，我们都可以完全按照自己的想法去做，它可以没有章法、天马行空、充满创意……而且越有趣、越特别越好。但是变现是完全不同的另一码事。

因为变现本质上是一个商业行为，而商业是一门大学问，并且有它自身的运作规律，我们的商业行为必须要符合这个规律，否则不仅无法变现，还可能把成本都赔进去。

我在互联网公司做了近 10 年的商业产品，因此我十分熟悉产品变现的底层规律。个人变现在本质上与产品变现是类似的，只要是变现，就意味着要通过产品或服务的交付来换取收益，遵循的都是同样的规律。

从产品思维看如何运营

假如我们要做一款产品，那我们至少需要考虑以下这 5 个方面。

定位

迭代　　产品思维　　服务

营销　　MVP

它们分别是定位、服务、MVP、营销、迭代。每一个方面又包含很多需要考虑的事项和内容。

定位的意思就是明确面向什么人群、提供什么服务、服务的特点是什么。比如麦当劳的定位是带来快乐的快餐食品，而汉堡王主打口味；沃尔沃的定位是安全性更高的汽车品牌，宝马则强调驾驶的乐趣。

服务指具体交付什么，比如快餐品牌要交付给客户的是美味的食品和好看的包装，还有亲切便利的点餐服务；汽车品牌要交付给客户的是汽车以及良好的售后服务；互联网产品要交付给客户的是产品的使用和体验，并解决客户的问题……

MVP 这个概念来自《精益创业》，它的全称是 Minimum Viable Product（最小可行产品），也就是能取得既定效果的最简单并且可行的方式。举个例子，假如你想开发一款产品，你并不一定真的要把它开发出来，你可以在纸上画出你的方案，然后拿去找身边的朋友询问并收集建议。MVP 的思路可以帮助我们大幅降低试错成本，提高行动力。

比如，我的第一期天赋课的 MVP 是这样一句话："我最近要开 21 天的天赋训练营，大家有没有感兴趣的？感兴趣的可以微信联系我报名，价格仅为 99 元。"等到真的有不少人找我报名的时候，我就知道这个方向是可行的，然后再去做。而我身边有很多人花了很大力气开设课程，结果却卖不出去，那就浪费了宝贵的时间和精力。MVP 理念的精髓就是用最小的成本试错。

接下来再说说营销。营销包含引流、留存、变现、裂变等，在后面的内容里我会结合个人价值变现的例子来详细说明。

最后是迭代。互联网产品讲究"小步快跑"，毕竟一开始只是个 MVP，只有定期改进才能越做越好。互联网行业常规的情况是 2 周迭代一次，快速发现问题并快速改进。可以看出，这和传统的产品理念有非常大的区别。传统产品讲究"慢工出细活"，一旦发现有错误，整批产品可能都会报废。比如生产一批手表，制作过程中发现图纸错了，那整批手表就都不能使用了。而互联网产品就灵活多了，发现问题随时就能进行更改，最晚也是在 2 周后正式迭代的时候就改进，所以整体的节奏快很多。

由于个人的产品或者服务属于轻资产创业，甚至 0 成本创业，比如我写书、做课程、咨询等，这更加需要通过快速迭代来提升竞争力。比如我的天赋训练营每期的内容和运营方式都不一样，接下来还要做大胆的改进。这样才能源源不断地吸引更多人参加并带来良好的口碑。

通过对产品思维的简单叙述，我想此刻你已经注意到：这和挖掘天赋完全是两个不同的思路。挖掘天赋并采取行动需要足够开放，而产品思维要遵循一定的"套路"，并学习很多专业的知识。这就是各种互联网产品培训机构收费高的原因，把产品理念学好并落地，并不是一件容易的事情。

不过，在公司里我们每个人都是各司其职，比如有的负责运营中的获客部分，有的负责设计部分，有的负责开发部分……虽然产品和商业理念可以被"复制"到个人价值变现的过程中，但是它们的应用方式并不一样。前者要求专业、执行度高，后者要求综合、灵活度高，但基本的理念是一样的。

从商业思维看如何变现

产品思维只用于产品或服务落地，而商业变现就要从一个更大的视角来看了。

我经历过 3 次创业，第一次创业是和人合伙，获得了 300 万元的天使投资，但是刚过了2 个月，我就跟合伙人分道扬镳了。后来再回忆起那段经历，我发现当时我只是为了创业而创业，认为创业听起来很风光，其实根本不知道自己想要什么。跟合伙人合作只是一种"抱大腿"的想法，后来发现三观不合，只好散伙。

这就是我前面说的，没梦想，有目标，没天赋，所以自然成不了。就好像只有一个导航仪，但是不知道目的地在哪里，也没汽车，那怎么可能成功呢？

第二次创业是因为我发表了原创的理念，在行业里很受欢迎，于是我自己开了一家公司，在工作之余做课程、写专栏，之后在半年内赚了 50 万元左右。但是后面的课程就没什么人报名了，课程因此无法继续下去，公司也关掉了。

后来，我反思失败的原因是我缺乏商业思维和目标，无法提供可持续的产品或者服务，无法吸引新客户。

这次创业我没有梦想，没有目标，只有天赋，所以依然没有成功。我只是想趁工作之余顺便赚点钱而已，并没有想得很长远，这种"不在乎"的心态导致最后创业不了了之。

第三次就是现在这次了，我辞去了工作，认真地研究个人价值变现，还学习了相关的课程，终于明白第二次创业失败是因为产品太单一，没有有意识地搭建自己的产品矩阵和商业模式，也没有构建自己的流量池。这和我当时创业时非常不坚定、没有长远的打算有关，也就是缺乏梦想。现在呢？我积极地规划了自己的方向并明确了自己的天赋。所以这一次我有梦想、有目标、有天赋，但是能否成功呢？按照现在的情况，养活自己是没什么问题的，但是如果想做大做久，还要看我的营销能力和商业思维，以及合作机会。

可以说，梦想、目标、天赋是决定你能否做成的核心三要素，这 3 个要素缺一不可；而商业思维和营销能力相当于一个杠杆，决定了你能做到什么程度。

把自己当作产品打造

因为我在营销方面的能力一直比较欠缺，所以我从去年开始报了很多个人营销方面的课程，比如个人品牌打造、价值变现等。在学习的过程中，我发现个人营销的思路居然和互联网产品思维是完全相通的——只要把自己当作产品来打造就可以了。

举个最简单的例子，现在很多明星都在立"人设"，像"少女人设""萌叔人设"……这不就是产品思维中的定位吗？你通过"人设"让更多人记住你，而不是毫无存在感或毫无辨识度。

可以说，定位是产品思维里非常重要的一环，有了定位，才会有后面的服务、MVP、营销、迭代等。打造明星的经纪公司深谙这个道理，它们发掘了好苗子后，会根据市场喜好和明星的特点去规划其定位，然后该明星接拍的影视作品和广告以及日常风格等都会走这样的路线，就是为了强化定位以达到吸引更多粉丝的目的。

我们普通人也可以按照自己的想法来进行自我定位，并且定位也可以根据情况改变。但是没有定位肯定是不行的。

比如你擅长画画，如果你想变现，就需要告诉别人，你能为他人提供什么价值：是可以帮别人画微信头像，还是能画美美的治愈系插画，还是教小朋友画画？这就是最简单的定位。

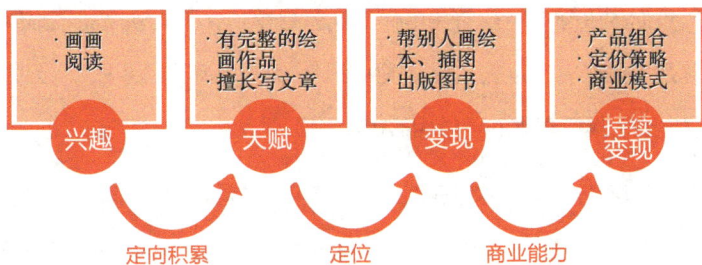

从上面这张图里，我们可以感受到天赋与变现的明显差别。从最开始的自娱自乐，到有完整的产出，再到具体定位，然后为他人提供价值，最后规模性、系统性地提供价值，由此才算走完了从兴趣到持续变现的全过程。在这当中，定位起到了承上启下的作用。

独特定位三步法

接下来，我们就通过"独特定位"三步法，聚焦天赋、排列优先级，并为未来的变现做好准备。这 3 步分别是"区分天赋类型""明确核心天赋""无限创意组合"。

区分天赋类型

前面已经说过，天赋和兴趣的区别在于，兴趣是自娱自乐，而天赋需要被传播出去创造价值。所以我们可以把天赋按照"领域"和"手段"分成两类。比如在我的天赋里面，"时间管理""电影解读""传统文化""心灵成长""科幻"属于"领域"，而"写作""演讲""做课程""拍视频"等属于传播方式，也就是"手段"。简单来说，"领域"类一般是名词，而"手段"类一般是动词。

为什么我们要如此区分呢？因为"手段"属于技能，任何人通过持之以恒的练习都可以学会。比如我上学的时候语文成绩很一般；而且我性格内向，害怕说话，更害怕对外分享，演讲的时候声音都会发颤；最开始做演讲时，PPT 上密密麻麻的全是字，我基本上都照着念，如果 PPT 上没写，我就不知道该讲什么了。那个时候的我可能永远也想不到，今天的我可以写书、可以讲课，而且能从容地脱稿演讲，这得益于我长期的积累和练习。

而"领域"和你的兴趣或特质有关，你喜欢就是喜欢，不喜欢就是不喜欢；你擅长就是擅长，不擅长就是不擅长，很难去勉强。"领域"的优先级高于"手段"，因为"手段"通过后天努力都可以学会，属于基本的、通用的技能。

你分清这两者的区别了吗？它们表面上都是天赋，其实大有不同。我们要学会区分哪些事情是通过努力可以做到的，哪些事情是没必要做、浪费时间的。如果你明白了这个道理，你就能节省很多时间。

下面我们再把天赋按照"现在"和"未来"进行区分。"现在"是指你现在做得不错，或是有所积累的；而"未来"是指你未来想做，现在还没有开始做的。"现在"的优先级高于"未来"，因为"未来"还需要时间的积累，而"现在"是马上就可以看到成果的。

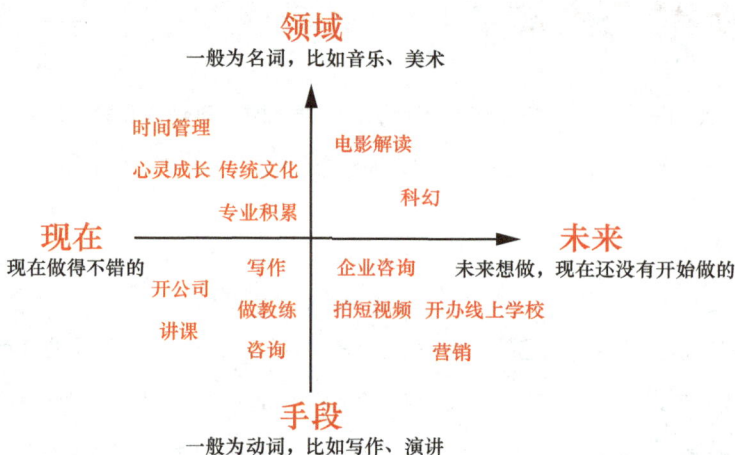

按照上面这个四象限图，把天赋放进相应的位置，这样是不是清晰多了？

当然，很多人在"手段"这部分可能是空白的，不用担心，你可以从现在开始有意识地学习和实践。在这方面你不需要有任何心理负担，直接去写、去分享、去拍视频就好了。只要有手、有嘴，马上就可以行动。即便你没有刻意地去学习，只是凭感觉行动，经过长时间的积累，你也一样可以把它们发展成天赋。比如我的写作、讲课都没有经过刻意的学习，完全是熟能生巧的结果。

明确核心天赋

通过这 4 个象限的划分，并结合前面的打分情况、出现的频率等各方面综合排序，我们就可以得到初步的优先级，如表 5-1 所示。

表 5-1

排序 / 阶段	现在	未来
1	心灵成长（领域）	科幻（领域）
2	写作（手段）	电影解读（领域）
3	讲课（手段）	开办线上学校（手段）
4	咨询 / 做教练（手段）	拍短视频（手段）
5	专业积累（领域）	营销（手段）
6	时间管理（领域）	企业咨询（手段）
7	传统文化（领域）	……
8	开公司（手段）	

如果你感觉这样看上去有点乱，可以再按照表 5-2 的方式，把"领域"和"手段"分别归纳到一起，同时注意排序。

表 5-2

形式	阶段	
	现在	未来
领域	1. 心灵成长 2. 专业积累 3. 时间管理 4. 传统文化	1. 科幻 2. 电影解读 ……
手段	1. 写作 2. 讲课 3. 咨询 / 做教练 4. 开办线上学校 5. 拍短视频 6. 营销 7. 企业咨询 8. 开公司	……

由于"领域"的优先级高于"手段","现在"的优先级高于"未来",因此我们优先看"领域"里排在第一位的是什么。

比如我的表格里,"领域"部分排在第一位的是心灵成长,说明我最在意的是心灵成长;而且我认为无论是专业积累、时间管理,还是学习传统文化等,本质都是为了心灵成长。所以"心灵成长"就是我的核心领域,是其他所有领域的交集和源头。当然每个人的核心领域都是不一样的,有的人的核心领域可能是音乐、艺术、电影、剧作,甚至是尽情享受生活,这都是可以的。

接下来再看"手段"。这几个手段里,写作排在第一位,其次是讲课、咨询 / 做教练等,其中写作是我最核心的表达和传播方式。我既可以写心灵成长方面的内容,也可以写与专业领域或者时间管理方面相关的内容;未来也许还可以写和科幻、电影相关的内容。我甚至可以把这些不同领域的内容交叉组合,比如写从电影中得到的对个人心灵成长的感悟;写从传统文化中得到的对心灵成长的感悟;写工作、时间管理与心灵成长的结合……这就可以源源不断地产出各种内容,不怕灵感枯竭没的写,同时也建立了自己独特的风格。

搞定了写作,就可以顺势讲课、提供咨询服务,甚至开办自己的线上学校等。当然每个人的核心手段不一样,也许有人不擅长写作,但是擅长运营、销售、设计、厨艺、手工等,那就可以把自己最擅长的技能作为核心手段,再向外扩散。

这里我要再次强调"领域"和"手段"的区别。如果没有"领域",只盯着"手段",是不会有效果的。比如你无法让一个对音乐不感兴趣的人演奏好乐器,你无法让一个不爱旅游的人学好摄影,你也无法让一个不爱学习的人主动拿起课本。

但是,"领域"很有可能在行动的过程中发生改变。比如在学乐器的过程中爱上了音乐,在学摄影的过程中爱上了旅游,在看书的过程中学会了思考……所谓技多不压身,如果你现阶段还没有足够多的天赋,不妨有意识地让自己学习并尝试一些新东西,也许在体验的过程中你就能够找到自己的兴趣,唤醒沉睡已久的天赋。

所以不用担心自己的兴趣太多、太杂或没有用,什么都去试一试,这样才更容易发现自己真正喜欢、擅长的是什么。

接下来到了"重头戏"，我们把排名第一的"领域"和"手段"分别填进下面这个蝴蝶图中。蝴蝶的身体代表核心领域及核心手段，也就是你现在可以立刻去做，并且要专注做的事情。

我们再把其他内容放到相应的位置里：左边的翅膀是"领域"；右边的翅膀是"手段"；上面的翅膀是你现在做得不错的；下面的翅膀是你未来想做，现在还没有开始做的。这样就形成了一个完整的"天赋梦想模型"，它可以帮助你破茧而出、展翅高飞。

对于我自己来说，核心"领域"是心灵成长，这是我此生追求的方向，核心"手段"是写作，所以现在乃至未来，把心灵成长方面的感悟写出来，就是我最重要的事情。

无限创意组合

精彩才刚刚开始，有了这个天赋梦想模型，我们不仅可以聚焦核心天赋，还可以通过有趣的交叉组合，如表 5-3 所示，变幻出各种定位标签和变现渠道。

表 5-3

核心天赋	A+B=C		
独特定位	C+D	C+E+F	C+D+E+F
	C+E	C+D+F	
	C+F	C+D+E	
	……	……	
变现渠道	C+H	C+I+J	C+H+I+J（产品组合）
	C+I	C+H+J	
	C+J	C+H+I	
	……	……	

具体怎么做呢？我为大家介绍下面这 4 个公式。

核心"领域"＋核心"手段"＝核心天赋

这个前面已经提到过了，比如我的核心"领域"是心灵成长，核心"手段"是写作，那么我的核心天赋就是成长作家。到目前为止我已经出版了 4 本书，分别是《破茧成蝶》《破茧成蝶2》《生命蓝图》《人人都是增长官》。光看名字就知道，它们都和成长有关，分别记录了我在不同阶段的成长历程。

也许你会问：既然你都已经这么做了，那梳理天赋组合的意义是什么呢？其实我之前并不知道成长加写作是我的核心天赋，写书也只是误打误撞。在我画出自己的天赋梦想模型以后，我才明白，这对我来说是非常重要的事情，也是我应该坚持去做的事情。于是才有了第三本、第四本以及未来的第五、第六本书的规划。如果没有画出天赋梦想模型，可能我的写作之路早就止步了。

核心天赋 ＋ 其他领域 ＝ 独特定位

核心天赋虽然重要，但是很容易和他人雷同。比如世界上有无数位成长作家，我要写哪方面的成长呢？灵感枯竭了怎么办呢？这个时候"其他领域"就派上用场了，用"核心天赋 ＋ 其他领域"，可以构成个人的独特定位。比如成长作家 ＋ 电影 ＝ 通过解读电影讲成长，成长作家 ＋ 传统文化 ＝ 通过解读传统文化讲成长……

这样一路"加"下去，我就有了很多可行的方向，同时也能够区别于其他成长作家，形成独特的个人风格。

核心天赋＋其他手段＝变现渠道

用"核心天赋＋其他手段"，可以衍生出多条变现渠道。比如成长作家＋讲课＝通过讲课变现的成长作家，成长作家＋咨询＝通过咨询变现的成长作家……

核心天赋＋其他领域＋其他手段＝多元变现

一开始的时候，我建议从核心天赋出发，结合其他领域及手段，不断形成新的天赋和变现渠道。当我们的天赋足够多的时候，也就是我们在很多方面都能够游刃有余的时候，就可以进行多元组合了，如表5-4所示。

表5-4

核心天赋	心灵成长＋写作
独特定位	心灵成长＋写作＋时间管理，心灵成长＋写作＋电影解读， 心灵成长＋写作＋设计专业，心灵成长＋写作＋时间管理， ……
变现渠道	设计专业＋咨询，心灵成长＋咨询，时间管理＋咨询，写作＋咨询， 心灵成长＋演讲，写作＋演讲， 心灵成长＋电影解读＋课程， 心灵成长＋时间管理＋课程， 心灵成长＋设计专业＋课程， 心灵成长＋写作＋课程， ……

比如成长作家＋设计＋讲课＝讲设计课的成长作家，成长作家＋时间管理＋拍短视频＝通过短视频分享时间管理经验的成长作家……

我们可以按照这样的思路进行任意组合，看看最后能产生怎样的化学反应，形成什么样的神奇标签。这样我们就可以创造出无限多的变现方式，成就独一无二的你。

不过在这个过程中，有几点需要注意。

首先，组合后要按照自己的话"解读"一下，赋予标签组合真正的意义。因为同样的标签可以有不同的解读方式。比如"成长＋写作＋时间管理"既可以表述成"把成长融入时间管理中，并写出一本独特的时间管理书"；也可以解读成"擅长时间管理的成长作家"。

其次，一个标签组合里不要出现太多内容，比如"A+B+C+D+E"可以分成不同的标签组合，如"A+B+C""A+B+D""A+B+E"。因为内容太多会变得难以表述，而无法表述的标签组合是没有意义的。

最后，标签组合的数量越多越好，因为只有可选择的方向多、变现渠道多，才能构建出庞大的"产品组合"，才能持续变现。

比如我目前的变现产品有一对一咨询（天赋、职业发展、副业变现、内在成长）、天赋变现课程、付费课程、图书出版、企业咨询、多家平台不定期合作、平台长期合作……

虽然每一个产品的收入都不稳定，但是产品多了、变现渠道多了，累积起来，收入就稳定了。就好像做股票投资，只买一只股票风险很高、收益不确定，但是买很多只股票可以平摊风险。所以鸡蛋不要放在一个篮子里，变现方式越多，收入越稳定。

而且这些产品虽然看似花样繁多，但都是在核心天赋的基础上衍生出来的。比如我写作久了，自然就有很多机会分享，分享多了自然就形成了自己的课程，经常讲课就会有很多的平台邀约……

这就是核心天赋的重要性，我们要像培养种子一样好好呵护它，假以时日，它自然会长成一棵参天大树，结出无数的果实。但如果没有种子，仅仅是模仿别人的果实，你会发现模仿起来不但特别费力，而且果实还长不大。最可怕的是大部分人百思不得其解，始终在模仿别人的道路上浪费自己的光阴。

打造个人品牌

当我利用天赋梦想模型明确了自己的核心天赋是"心灵成长 + 写作"后，我顺利地出版了第三本书，在写书的过程中又意外地发现了更多挖掘天赋的方法，于是有了后续的课程和出版计划。

之后，我想到我的天赋梦想模型里还有咨询，又因一次偶然的机会再次接触到了教练认证项目。其实我以前也听说过，但是那时它没有引起我的注意。现在，既然确定这也是我的天赋，我毫不犹豫地报名了，然后很快就实践起了一对一咨询。在实践的过程中我收获颇丰，发现自己可以帮别人解决天赋挖掘、心灵成长、职业发展、副业变现方面的问题。而这个时候，距离我绘制天赋梦想模型还不到半年。也就是说，**半年时间，足以让你的天赋崭露头角并开始变现。**

紧接着，我就遇到了新的问题：我如何定位我自己？我应该如何向他人介绍我自己？我总不能说自己什么都会吧。

副业冷启动的好方法

为什么要学会介绍自己呢？因为这是副业从零开始的关键。很多人会发愁：我不擅长宣传自己，我不喜欢营销，我不好意思发朋友圈……这个我非常理解，因为我也不喜欢。所以这里为你推荐一个简单又"不伤面子"的启动副业的好方法。

免费又上档次的个人广告

这个方法就是多加入一些社群，然后在群里积极帮助别人，比如回答别人的问题或者积极分享某领域的话题，给群成员留下好印象。这样别人在需要这方面帮助的时候很容易就会想到你；当你在社群里介绍自己的产品或服务的时候，也很容易吸引别人。

如何加入社群呢？一方面可以找朋友推荐；另一方面，现在买书、买课都有机会加入相应的社群。个人比较建议加入付费社群，成员质量会高一些，而且更活跃，领域也比较垂直。

当你加入社群后，下一步就是给自己起一个闪亮的新名字作为你的群昵称，以起到事半功倍的效果。不建议新名字里出现生僻字或者各种符号，名字一定要体现你的价值并且容易记忆，方便日后他人找到你。

我曾经加入过一个副业社群，群主要求每个人都把自己的群昵称改成"昵称－标签"的形式，比如"×××－副业变现咨询师""×××－海报设计师""×××－高效沟通力教练""×××－亲子关系打造师"……这个方法真的是太好用了，如果你有一个吸引人的群昵称，只要你在群里发言，你的标签就会不断出现在群聊界面里，这不就是免费的个人广告吗？所以一定要起一个好名字，并且抓住机会在群里多发言，主动回答问题，提高自己标签的曝光率。

比如，群里有一个人的标签是"×××－普通话导师"，只要她在群里发言或者别人回复她，我不需要进群也有可能看到她的个人标签。后来我有个朋友想学普通话，我马上想到了她，然后在群成员中搜索"普通话"立即找到了她。如果你一开始没有什么人脉资源，那给自己选个合适的标签"混"社群，是最简单、最实用的方法之一。

可是大多数人的习惯是相反的，不管在什么社群里，活跃的人总是少数，大部分人都喜欢"潜水"。一方面是因为我们受到的教育就是做人要"低调"、要"谦卑"，另一方面大家可能觉得群聊非常浪费时间。这样就错失了很多宣传自己的机会。

除了改群昵称外，你还可以把自己的微信名字改成"标签＋姓名"的形式，顺便优化一下朋友圈。下面这张图是我的第三本书《生命蓝图》刚出版时的朋友圈截图。我把微信名字改成了"《生命蓝图》作者刘津"，头像换成了书上的照片，朋友圈封面换成了《生命蓝图》的介绍。

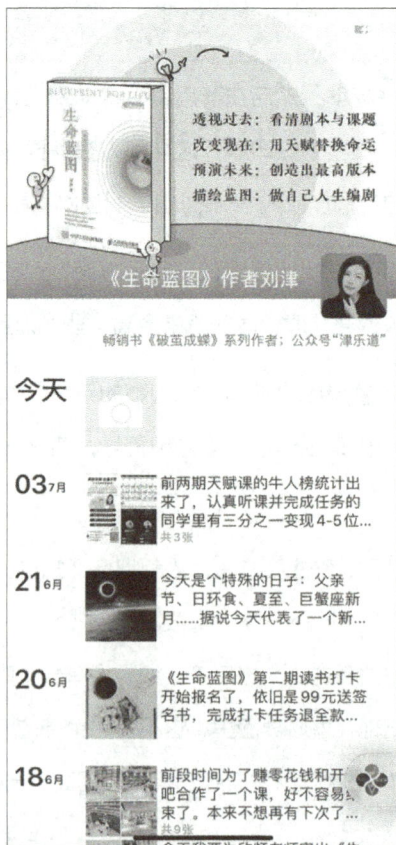

这样凡是当时与我沟通联系过的人都知道我最近出版了这本书；我在各个社群里的群昵称也变成了"《生命蓝图》作者刘津"，只要我在群里说话，大家就可以看到我的群昵称，相当于为自己做了无数次广告。

一般我们添加新朋友后，也都会看一下对方的朋友圈，而我这样的朋友圈样式，马上会让对方意识到我是一名作者，他自然就会关注我的作品。

如果你已经在开展副业，一定要利用好微信，毕竟它是目前活跃度最高的社交软件之一。如果你不想让熟悉的人知道，可以建一个微信小号。如果你既不想改微信名字，也不想建小号，可以设置朋友圈分组，这样在你发朋友圈的时候，就可以选择不让谁看或者让谁看。

如果你还是走不出这一步，不想那么"高调"，那么可以通过知乎、小红书、微博、公众号、短视频等平台分享自己的特长，并多和潜在的用户互动。注意，一定要持续更新内容并长期积累，你的账号才会有价值，千万不要三天打鱼两天晒网。

由此可见，从兴趣到天赋，再到变现，体现出的是完全不同的格局和心态。兴趣是自娱自乐，天赋需要传播出来为他人提供价值，变现要吸引客户并且让其愿意为此买单。要想变现，就需要培养"极致利他"的思维。这种思维体现在我们做个人定位、做个人介绍、制作个人海报和朋友圈封面、提供产品及服务等方方面面。

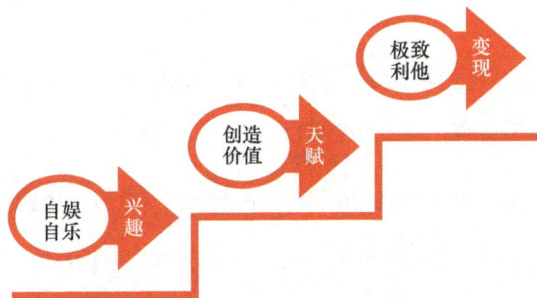

如何筛选个人专属标签

我自己有很多不同的标签，分别用于不同的场合。最开始设定标签的时候我十分头疼，看到别人的标签又吸引人又好记，我很羡慕，却不知道该如何设定自己的标签。改了很多次，我终于摸到了一些门路。

首先，我把目前可以赚钱的事项梳理了一遍，发现有如下几种。

- 写作：专业技能写作 / 心灵成长写作。

- 咨询 / 做教练：专业技能、职业发展、天赋挖掘、副业赚钱、情感关系、个人成长。

- 课程：专业课程、增长类课程、天赋变现、咨询。

…………

然后我对它们进行组合，写出了 4 个标签：心灵成长作家、天赋挖掘导师、职业发展规划师、副业赚钱咨询师。

到底用哪个标签作为个人定位呢？我们可以问问自己下面这几个问题。

别人是否能看懂？

最开始，我的标签是"心灵成长作家"，然后就有很多人问我：什么叫心灵成长？是心理学吗？具体指哪方面呢？标签只有短短几个字，如果不能第一时间让别人明白，那就最好放弃这个标签，不要因此增加用户的理解成本，这和做广告是一个道理。

别人感兴趣吗？

如果你的标签别人一下子能看懂，那很好，接下来你还要确定这个标签是否容易引起他人的兴趣，如果没有人感兴趣，那么这个标签就没有任何意义。

比如有的人的标签是"副业赚钱咨询师"，就不如"100% 学员变现"更吸引人。选择标签时可以借助 SMART 法则，量化你的定位，从而更容易引起他人的关注。

另外也需要考虑行业热点，比如前几年说"副业赚钱"可能就不会有什么人关注，但是近几年市场大环境发生变化，很多人找不到好的工作，因此现在与副业相关的话题就更有吸引力。

受众是否足够多？

举个例子，"古玩鉴赏"这个标签虽然不错，但是受众范围比较窄。这个时候你就需要再考虑下是否将其作为自己的标签。如果你有很好的人脉资源，那么可以用这个标签；如果你只是日常"混"社群，那这个标签就明显不合适。我们可以准备多个标签，在不同的场合用不同的标签。

是否容易让人记住？

我之前想过使用"职业发展规划"这一标签，但是最后放弃，因为一来我只擅长服务互联网人群；二来这个标签没有什么特点，不太容易被人记住；三来用这个标签的人实在太多了。

要注意选择的标签既不要太冷门也不要太热门，太冷门了没有受众，太热门了竞争激烈，两者需要适度的权衡。

是否和我足够匹配？

权衡良久，我发现副业赚钱方向的标签还不错，目前比较热门而且符合条件的人不多。但是这个标签与我的特点和气质足够匹配吗？不一定。比如我参加的副业社群里有个副业赚钱导师很受欢迎，她很注重强调自己的"普通"背景，比如她出身一般、学校一般，是个全职妈妈等，这就和她做副业的高收入形成了鲜明的对比。这样的设定吸引了一大批和她类似的"普通"人，他们渴望通过副业改变自己的财富状况。

而我已经工作多年，即使我的副业做得好，其他人也会认为那是通过主业的积累带来的，很难吸引到大量全职妈妈，而在那个社群里，全职妈妈是主力人群。因此我最终决定另辟蹊径，使用了"天赋变现导师"这一标签。

需要注意的是，标签可以根据需要和场景调整，但是在一个场景下最好不要经常变换。比如在同一个社群里，尽量固定下来，这样别人才更容易记住你。

设定自己的"故事"

标签是浓缩版的个人介绍，除此之外我们还需要准备一个比较正式的自我介绍。好的自我介绍不仅有亮点、容易记忆，更具有故事性和话题性。

个人介绍

你可以按照下面的模板写出简短的个人介绍。

【名字／昵称】

【地区】

【职业】

【个人标签】

【成就事件】

【能为你提供什么】

这个模板似乎和我们常见的个人介绍不一样，常见的个人介绍往往是下面这样的。

【名字／昵称】

【地区】

【职业经历】

【血型／星座】

【家庭情况（是否单身）】

【兴趣／特长】

为什么会有这样的区别呢？因为我们大部分人的关注点都在自己身上，很少考虑可以为他人做些什么。而第一个模板可以强化我们的"利他思维"，改变我们原有的思维习惯。

当然，如果你做自我介绍只是为了让大家对你有点印象，那么普通的个人介绍足矣；如果你想让更多人和你产生价值互动，那么你就要认真地思考：我能为他人创造什么价值？而这恰好是大部分人都会卡住的地方。

通过前面系统的梳理，大家多多少少都会回忆起自己曾经的成就，如果你还是在这里卡住了，建议翻看"天赋篇"的内容，认真地梳理一下自己的经历，然后完成个人介绍。下面是我自己以前的个人介绍。

【名字/昵称】刘津

【地区】北京

【职业】一线互联网公司前用户体验总监，UGDlab 创始人

【个人标签】天赋变现导师/畅销书作家/个人成长教练（不同场合使用不同标签）

【成就事件】

1. 畅销专业书《破茧成蝶》《破茧成蝶 2》作者，心灵成长图书《生命蓝图》作者。
2. 网易云课堂等知名平台特邀讲师。
3. 曾为中国移动、国家电网、联想等数十家知名公司做过企业培训或公开演讲。
4. 创办 21 天天赋社群课、咨询课。
5. 工作、带娃之余一年写完 3 本书。

【能为你提供什么】专业类课程、个人成长类课程、一对一咨询

这个个人介绍看起来还可以，但是效果不一定好，甚至可能起到反作用。为什么呢？因为做个人介绍不是为了展示你有多厉害，而是为了告诉别人你可以帮到他什么，对他有什么价值。千万不要让人觉得："啊，看起来好厉害，但是跟我有什么关系呢？"

不过没关系，一开始可以先按照自己的想法把内容抛出来，然后根据大家的反馈再修改。比如在社群里发出这个个人介绍后，有不少人问我"工作、带娃之余一年写完 3 本书"是怎么做到的。我就开始思考为什么大家对这句话感兴趣，后来我总结出了 3 点原因：一是因为这句话比较贴合大家的生活场景，让很多有孩子的人产生共鸣，而不是像其他内容一样冷冰冰的；二是有数据，有量化结果；三是时间管理和所有人息息相关。

根据这个逻辑，我又对个人介绍进行了优化，下面是我现在常用的个人介绍。

【名字／昵称】刘津

【地区】北京

【职业】一线互联网公司前用户体验总监，UGDlab 创始人；月入 6 位数自由职业者

【个人标签】天赋变现导师／畅销书作家／个人成长教练（在不同场合使用不同标签）

【成就事件】

1. 畅销专业书《破茧成蝶》《破茧成蝶 2》作者，心灵成长图书《生命蓝图》作者。

2. 网易云课堂等十几家知名平台特邀讲师。

3. 曾为中国移动、国家电网、联想等数十家知名公司做过企业培训或公开演讲。

4. 创办 21 天天赋社群课，30% 学员产出变现方案，2 个月内 10% 学员变现 4 ~ 5 位数。

5. 自由派时间管理达人，工作、带娃之余一年写完 3 本书。

【能为你提供什么】

1. 帮你找到天赋及可行的副业方向。

2. 一对一咨询帮你解决困扰已久的职场／成长问题。

3. 推荐你成为平台签约咨询师。

当然这个版本的个人介绍依然有很大的优化空间，而且内容太多了。我一般会根据场合、人群进行适当的删改，然后再发出去。

如何让别人对你感兴趣

我在社群里观察了其他人的个人介绍，发现好的个人介绍都一定包含我刚才说的 3 点。

比如有的人强调自己学校很普通，第一份工作收入微薄，后来如何逆袭成功；有的人说自己没学历没背景，一直全职在家，现在月收入 10 万元……这样的故事很容易引起大众的兴趣。

当然，大部分人和我之前都是一样的思路，想着要让自己显得更厉害；还有很多人最后干脆放弃了个人介绍，因为觉得自己根本不厉害。最后的结果，就是被各种"牛人"介绍刷屏，大家反而对此产生"审美疲劳"，或者觉得更加焦虑。

可是，很多人又做不到故意"凸显"自己不够理想的部分，那么应该如何改进个人介绍，

以更好地吸引别人呢？我在这里举一个朋友的例子。

她的第一版个人介绍（部分）如下。

【个人标签】畅销书作家 / ×× 平台特邀作者 / 公众号 ×× 创始人

【成就事件】

- 0 基础写作 3 个月接到出版邀约。
- 25 岁出版第一本书。
- 指导学员写作 1 个月，文章被大号收稿。

【能为你提供什么】

- 出版自己第一本书的经验咨询。
- 写作领域个人品牌打造咨询。
- 爆款文章写作拆解指导。

她问我这份个人介绍怎么样。我说："首先感觉内容有点模糊，不是很具体，因此不够打动人；其次离大众有点远，毕竟不是每个人都认为自己能够写书，大部分人没有任何写作经验。看了你的介绍后，我感觉你教得太'高级'了，似乎不适用于零经验的人群。"

朋友想了想，又写了第二版个人介绍。

【个人标签】畅销书《××××》作者 / ×× 平台特邀作者 / 公众号 ×× 创始人

【成就事件】

- 一个普通二线城市的上班族，通过写作实现单篇文章稿费达 5 位数。
- 0 基础写作 3 个月接到出版邀约；25 岁出版第一本书。
- 指导学员写作 1 个月，文章被大号收稿，单篇稿费超过 3000 元。

【能为你提供什么】

- 普通人都能学会的 1 个月写作快速变现方法咨询。
- 推荐成为百万大号签约作者，实现单篇稿费达 4 位数。
- 出版资源链接，让普通人也能出版自己的书。

第二版明显比第一版好了很多："普通二线城市上班族"能引起很多和她拥有类似背景的人的共鸣；内容具体生动，有故事、有数据，让人觉得可信；强调"普通人"可以学会，扩大受众范围，让大家觉得和自己有关系。

如果你想多找找感觉，可以看看市面上热销的产品或者服务是怎样做宣传的，基本也都遵循了这样的原则：通过故事拉近与客户的距离、功效有理有据、受众范围广等。

设计个人海报

一开始，我加入社群都是发文字版的自我介绍，直到有一天我看见有人发海报版的自我介绍，突然眼前一亮，觉得这个方法真是太好了。

毕竟大家都更喜欢看图而不是一堆文字，而且从海报上可以看到你的照片，容易让人记住。当我制作完个人海报后，发现它的使用率真的很高。认识新朋友的时候可以用，和平台首次合作的时候可以用，公众号等个人平台上还可以用。我再也不用复制粘贴文字版的自我介绍了，一张海报搞定一切，而且让人觉得亲切又专业。

海报框架及内容

如何制作自己的个人海报呢？可以根据需要分别制作横版和竖版的海报，我个人比较推荐横版的海报，因为横版海报容易让人联想到个人名片，而竖版海报容易和课程海报混淆。

海报建议包含以下几部分内容。

职业形象照。第一印象真的非常重要，毕竟这是一个"看脸"的世界。当然这不是要让你把照片拍得多美，而是照片要能展示你亲切、专业的形象。建议找专门的摄影机构拍一张形象照。

主标签。一个人可以有很多标签，但是肯定有一个是目前最重要的，比如我现在的主标签是"天赋变现导师"。

副标签。除了主标签，剩下的就是副标签了。建议优先选择你身上最闪亮的、可能引发他人兴趣的标签。比如我选择了"一线互联网公司前总监""UGDlab 创始人"作为副标签，因为这两个标签都比较特殊，容易让别人记住或者产生好奇心。

补充背书。除了主标签和副标签以外，还可以再补充一些过往较闪亮的履历，或者你现在正在做的事情。比如我可以展示曾经出版过的图书，以及我正在做的天赋训练营。

个人海报的篇幅不宜过大，因此不适合放太多内容，主标签＋副标签＋补充背书建议控制在 5 行字以内，要有所取舍，内容太多了反而会让人觉得没有重点。例如平台特邀讲师、企业培训等内容我就没有写，因为有这方面经历的人比较多，所以它们被我精简掉了。

我能为你提供。这部分内容可以尽量详细一些，比如我就把文字版个人介绍中的这部分内容直接复制过来了。

联系方式。这一信息非常重要，如果别人对你产生兴趣却没法联系那就太可惜了。可以放上自己的微信号、微博账号、公众号、邮箱等联系方式。

这里最推荐的方式是微信号，第一是因为微信最方便联系，可以迅速拉近彼此间的距离；第二是因为对方添加好友后往往会查看你的朋友圈，这相当于进行了二次传播；第三是因为平时你发朋友圈也很容易被对方看到，可以持续宣传。

当然有很多人不愿意暴露自己的微信号，那就还是按照我之前说的方法，设置朋友圈分组或者建一个微信小号。

看到这里大家可能会问：你之前不是说要有故事性吗？为什么这里没有体现呢？其实这是因为不同场景下的个人介绍也会有所区别，整体梳理如表 5-5 所示。

表 5-5

	个人标签	文字版个人介绍	横版个人海报	竖版个人海报	朋友圈／公众号
特点	极其简短、容易记忆	内容详细、突出故事性	内容精练、突出重点、赏心悦目	详细程度与阅读体验介于文字版个人介绍和横版个人海报之间	内容无限制、突出故事性和趣味性
局限性	内容过短	文字读起来麻烦	不方便展示更多生动的内容	容易和课程海报混淆	需要长期经营、打造人设
适合场景	微信名字、微信群群昵称	微信群互动	比较正式的场合	更正式的场合	朋友圈／公众号

横版个人海报的样式比较像个人名片，因此建议还是要略微正式一些，不建议放太长的句子，可以配合文字版个人介绍一起发出。在竖版个人海报中，则可以多放一些信息。海报文案可以根据大家的反馈不断修改，甚至可以尝试出其不意的内容或者风格。如果你的个人介绍能引起大家的热烈讨论，那么你就成功了！

设计风格及建议

除了文案之外，海报的设计风格也非常重要。我个人认为，海报设计以突出文字内容为主，不需要设计得多么漂亮，只要简洁、大气、耐看、符合主题就可以了。

下面是我的横版个人海报以及竖版个人海报。

我的海报风格非常简单平实，但内容重点很突出，我认为这样就已经足够了。真正好的设计都是看不出太多设计痕迹的，设计的本质是为了传达信息。你不需要因为不懂设计而懊恼，任何人都有清楚传达信息的能力。

在设计风格上，我还有以下几点建议。

尽量简洁。简洁的风格有很多好处，一是显得海报高雅大气；二是可以引导大家把注意力聚焦在文字上；三是便于设计延展，可以用于多种不同场景。

初期可以使用合适的免费模板，有了一定的成果后再请专人设计 logo 及海报、PPT 模板，未来尽量沿用统一风格即可。

符合个人气质。设计风格一定要和你的气质相吻合，比如我本人比较低调内敛，日常喜欢素雅的配色；另外我主要的价值在于传播独家理念，关注个人成长，因此简约素雅的设计风格更适合我。

我有个朋友做的是明星周边产品设计，她本人平时的穿着打扮也比较另类，因此她的个人海报可以做成时尚又特别的风格。

整体风格一致。整体风格保持统一有利于提升品牌认知度，让受众更容易记住你。

比如我的公众号、个人海报、课程宣传海报、PPT 模板等都尽量保持统一风格，这样既节约了设计成本，也加深了客户对于品牌的印象，一举两得。

考虑他人意见但要保持警惕。设计是一个见仁见智的事情。我的海报如果偏柔和，就会有网友说不够大气；如果偏刚硬，就会有设计师觉得不细致；如果太花哨，会有人觉得不够高雅；如果太高雅，有人又觉得不够"接地气"……这么多不同的声音，我该听谁的呢？

我想起很久以前面试过一个设计师，她跟我抱怨："我们老板认识很多明星，一旦有明星跟她提意见，说界面哪里不好看，她就让我们改。但是每个人的意见都不一样，最后这个产品完全没法看了，老板也很郁闷，不知道该怎么办。"

所以在设计方面，我们一定要有自己的主见，以自己感觉舒服为准。毕竟你最了解你自己，也最了解你自己的价值。就好像穿衣服一样，别人的意见可作为参考，但最后选择什么风格的服装，穿什么衣服最舒服，还是自己说了算。

看到这里，大家可能会发出一声感叹："怎么这么麻烦？！"是的，这就是变现和天赋的区别。发展天赋的时候，我们需要沉浸其中，并且越有创意越好；而涉及变现的时候，我们需要考虑现实层面、关注规则和细节，并且要反复试错。天赋需要慢慢积累、厚积薄发，而变现靠的是快、准、狠。

这就是为什么很多人很厉害、很有才华，却迟迟无法变现；还有很多人仅靠一张嘴，就能把滞销品卖出去。

尽管思路很不一样，但变现和天赋有一点是相同的，就是先别管那么多，从现在就开始去做、去尝试，在行动中积累经验。世事无绝对，只要有心，能为他人提供超出预期的价值，就可能变现。

通过定位找到更多可能

说到定位，很多人可能会产生这样的困惑：我找不到定位怎么办？我定位太多怎么办？未来想修改怎么办？定位是不是只能有一个？……

如果有这些问题，这就说明大家可能对"定位"的理解有误。

定位不是一切

定位虽然很重要，但是需要注意的是，定位并不是一切。

去年我在运营自己的公众号时产生了很多困惑，我发现虽然一个人的方向越多越好，但是在实际运营过程中会出现一个很现实的问题：一旦改变定位，账号就会丢失很多粉丝。比如设计专业文章和个人成长文章在我眼里都是"成长"类文章，但是粉丝不这么想。

刚好我之前买过一个运营公众号的课程，就打开看了看。这个课的老师在公众号领域很有名，他的课程销量也非常高。他说，公众号的成败取决于"定位"，而且这个"定位"最好不要变。因为我之前在互联网行业学习过很多"定位"的知识，深知它的重要性，所以我对这个老师的说法深信不疑。

这个时候我就犯愁了，以前的专业类文章我不想继续写了，但是又不想因为写新类型的文章让"老"粉丝不满意,这可怎么办呢?带着这个问题,我又付费咨询了另一位在知识变现领域做得很棒的老师,没想到她给出了完全不同的答案。

这位老师说:"定位当然重要,但是没有你想的那么重要。我的公众号也没有什么定位,如果非要有个定位,那只能说和成长相关。现在我的公众号的粉丝数量不到 10 万,阅读量也不算很高,但是我的公众号的营收比很多拥有百万粉丝的公众号还要多。况且,一个百万级甚至千万级公众大号的成功,靠的是多方面的原因。从表面上看可能是因为这些公众号定位精准,其实背后有很多其他你看不见的资源在发挥作用。"

这位老师提醒我:"千万不要陷入单点思考的误区,做事情不是只有一条路,也不是事事都绝对,不要'迷信'定位并过度追求粉丝量和阅读量,而是要思考实际创造的价值。'掉粉'又怎么样呢?那些失掉的粉丝都不是你真正的受众。你未来要把 60% 的精力放到'增量'上来,而不是像现在这样,把所有的精力都放在'存量'上。"

老师的话让我恍然大悟,在变现的路上,我们永远要积极地开拓新的机会,而不是总盯着过去的成就不愿意前进。如果太患得患失,就很容易把自己限制住。

后来我就改变了对定位的看法,我认为定位可以帮助我们找到更多的可能性,而不是限制自己的工具。同时,定位只供我们参考,毕竟很多方向还是要靠具体实践得来。当我不再纠结于具体定位时,问题反而迎刃而解了。我依然可以主攻成长,但是这里面包含了很多细分定位,针对不同的人群采取不同的细分定位即可,但总体都是为了成长。这样就一切都畅通了。

个人优势地图

如果你有很多可能的定位,或者你有过去的积累,也有新的想探索的方向,那你可以把所有能想到的定位、积累、方向都列出来,找出它们背后的关联。

比如我的一个学员有如下几个看似不相关的定位:儿童绘本、时尚家居、心理咨询、开托儿所,她不知道该选择哪个。

我跟她说:"你这几个定位看似没关系,其实是有规律的。比如儿童绘本和开托儿所都和儿童教育有关；时尚家居如果和儿童教育关联起来，那就是给孩子创造一个美好的家居环境；心理咨询里分很多方向，你可以从儿童教育、亲子这个角度切入。这样你做的所有事情都和儿童教育有关，而你喜欢学习、有孩子、对育儿和生活有浓厚的兴趣，可见你在这方面是有优势的，这样就把一切都串联起来了。"学员当时就表示她的方向一下子变得无比清晰了。

如果你没有任何兴趣或者定位，那不妨先在本职工作上下功夫，把本职工作做好，同时在这个过程中培养通用能力，为未来做准备。你的本职工作和学习能力就是你暂时的定位。

这个时候可能又会有很多人表示："我本职工作做得一般啊，毫无天赋可言。"如果你没有任何兴趣或积累，本职工作就是你最有优势的部分，因为比起非同行来说，你在这方面绝对是专业的，那么对于想进入这个领域的人来说，你依然是很有价值的。

在这里，我把自己的若干看似不关联的定位也进行了梳理，如表 5-6 所示。

表 5-6

泛定位	成长（包括专业成长、个人成长和心灵成长等）			
细分定位	互联网产品设计	职业发展	天赋变现	心灵成长
面向人群	互联网从业者	互联网从业者为主	对天赋、副业感兴趣的人	对心灵成长感兴趣的人
提供服务	系列图书、课程	咨询	写书、课程、咨询、平台	写书、读书营、课程
特色	对应成长的不同阶段，不同于常见的技能课程，而是以提高认知、打开新的视野为主			
故事（人设）	有思想深度却又生活化、接地气，把有门槛的专业内容或缥缈的专业思想用简明易懂的语言传达给爱学习、有上进心、有独立思想的受众			
价值观	不过分考虑收益和光环，坚持自己认为正确的方向，做自己喜欢的事情			

这样一来，定位就更立体了。我清晰地看到，这些年来我的定位一直都是成长，只是在成长的不同阶段有不同的侧重点而已。虽然做成长的人非常多，但是我和其他人有所区别，毕竟大家的经历和特质不同，面向的群体、特色和人设也就不同。

比如我是做互联网产品出身的，那我自然更熟悉互联网人群，我的内容也就更容易吸引他们。我好奇心很重，喜欢打破砂锅问到底，喜欢探究事物背后的规律，因此我的内容不以讲解技能为主，而是帮助受众提高认知，打开新的视野，活出新的可能。我希望给人留下知识渊博却接地气的印象，把复杂、专业的思想用简单易懂的方式表达出来，惠及更多人。

我不会以收益为导向，而是坚持做真正适合自己的内容。我的价值观就是不过分考虑收益，坚持自己认为对的以及热爱的事情。我身边有不少人，什么赚钱就做什么，在这个方面赚了钱之后就再找新的机会点，他们深谙人性，也确实赚到了很多钱。变现方式没有好坏之分，选择自己喜欢、擅长的就好。

这样，我把目前锁定的新定位和过往的优势结合起来，形成我的个人优势地图，进一步明确了长期的方向。需要注意的是，这个地图不是一成不变的，随着个人不断成长，还需要定期更新。

无论是微信名字、社群群昵称，还是个人介绍、个人海报、个人优势地图等，都不用特别着急做出一个完美的版本，可以在副业 / 复业的道路上逐渐完善、细化。如果你在某个领域足够突出，也可能吸引到合作机构帮你处理营销方面的事宜。所以，前期不需要把太多精力放在营销上，而是要更多关注相关领域的产品研发，毕竟好产品是变现的前提。

定位篇：多维定位＋变现公式

有了梦想，明确了天赋以及未来的行动计划，这个时候大家往往会提出以下两个问题。

我写了好多计划啊，哪个都想做，但是我的时间和精力有限，应该重点做哪个呢？

怎样才能快速变现呢？

扫码或扫描 AR
触发图看视频

产品篇：
用行动让你遍地开花

有了核心天赋和定位组合，接下来我们就要通过行动把它们落实成 MVP，也就是最小可行产品。这样我们就完成了从兴趣到天赋，再到实际创造价值的过程。有了价值，产品自然就不愁变现了。

如何规划产品

那么应该如何规划产品呢？很多人到这里就被卡住了，其实规划产品没有想象中那么复杂，在这里我给大家提供一些思路和案例。

产品规划四要素

在规划产品时，我们需要考虑 4 个方面：定位组合、用户需求、变现思路、价值传递。

定位组合　用户需求　变现思路　价值传递

定位组合：参考前面你的定位组合标签，建议从核心天赋入手。

比如我的核心天赋是成长和写作，那么我可以计划写一本关于成长的书，而我的 MVP 就是这本书的预售宣传或众筹项目。

众筹是指在一个产品还没做完的时候用优惠的价格筹集款项，如果产品最终没有完成或款项没有达到预期，钱会退还给大家。这样就可以一边生产一边募集资金，降低生产压力。众筹帮助了很多缺乏资金的个体创业者实现创业梦想。

用户需求：考虑用户需求，看哪种定位组合更受欢迎。

我们的产品做出来不是给自己用，而是要卖给其他人的，因此一定要考虑用户的想法。在变现的路上，我看到过太多有才华、有能力的人做出的产品无人问津，这个现象大大颠覆了我以往的认知。

这让我想到一句话：世界上满是才华横溢的穷人。有才华未必能变现，除非你的才华能满足他人的需求。古人说"书中自有黄金屋"，这让很多人误以为只要学习就可以改变命运，只要学习就会让自己过上富足的生活。可是到头来，我们会发现也有很多非常有文化、有知识的人，过得并不富裕。

这是因为，会学习和会赚钱是两码事。会学习说明一个人有上进心、认知水平高；而会赚钱说明这个人可以通过解决某个问题或满足某个需求谋取利润，他可以走通一个商业闭环，或者紧握商业闭环中的核心环节的核心价值。他不见得看了很多书、买了很多课，但是他看书、买课一定是带着目的的，也就是这些内容能帮助他更高效地解决问题、整合资源，从而赚更多钱。会赚钱的人一定是会学习的人，会学习的人却不一定是会赚钱的人。

总的来说，会赚钱的人具有很强的目标导向性；而不会赚钱的人做事情比较随意，更关注自己的需求。如果不是有意识地提高商业思维，大部分人可能都是后一类人。

变现思路：考虑成熟的变现模式并结合自身的独特定位。

在变现这条道路上，我不建议大家选择没有人尝试过的方向或模式，因为这样失败的风险非常高。大家可以选择已经被很多人证实有效的变现方式，同时在这种方式中结合自己的特点。

举个例子，我在准备正式做副业的时候，研究过很多人的变现方式，我发现"写书＋咨询＋讲课"是现在很多人都在使用的变现方式，而且它被验证是有效的。那我就可以有意识地往这个方向发展。

如果你不擅长写作，可以通过短视频、朋友圈营销等方式来替代，或者通过连接人脉资源等方式来构建个人影响力。

可能你会问："大家都走类似的路，那这个行业不会变成'红海'吗？"其实不会，因为每个人的特点、定位、客户都不一样。这就是我们在前期要花这么多精力挖掘特质和天赋的原因。

价值传递：思考这个产品能给什么样的用户带来什么价值。

我曾经请教过一个很有经验的自由职业者："我现在在做天赋课，你觉得这个产品怎么样？"她马上反问我："这个课程能带给我什么价值，或者说能带给我哪些可以量化的成果？如果不能量化，你能不能提供给我用户对课程的反馈或者成功的案例？"

听起来这是很多用户都会问的问题："你的课程能带给我什么？"我之前很不乐意回答这样的问题，因为我觉得学习是自己的事情，不可能依赖别人。但是从商品的角度来分析，如果想通过课程或者服务变现，那就要先确定课程或服务能给他人带来什么价值。

我在写第一本专业书的时候，就一直告诫自己：这本书不是炫耀你的专业能力的，而是为广大初学者服务的。所以我尽量把复杂的东西写得很简单、很好理解，当然在这个过程中我也有所担心，害怕别人觉得我不专业，水平不高。后来我还是克服了心理阻碍，坚持做对他人有价值的事情。果然这本书上市后口碑非常好，畅销多年。

表 6-1 是关于产品规划四要素的小例子，大家可以参考。

表 6-1

定位组合	用户需求	变现思路	价值传递
早餐＋健身＋摄影 早餐＋育儿＋摄影	早餐有益健康 大众喜欢有趣、不重样的内容	图片分享 网络教程 社群运营	通过创意早餐传递健康知识、促进亲子关系和谐、传递美好温情
说话有趣＋爱旅游＋拍视频	社会节奏越来越快，人们喜欢可以放松的活动	在社交平台分享笑话、段子；拍视频记录旅途见闻、推荐相关商品、写趣味游记	通过语言和旅行传递快乐
遛狗＋组织活动	养狗的人越来越多，但喜欢养狗不意味着喜欢遛狗	提供照顾狗的服务；分享训练狗的技巧；组织带狗活动	通过遛狗传递温情、节省他人时间

如果你写不出来，可以多看看身边通过副业赚钱的人，看看他们的变现思路是怎样的。

你可以按照这个思路结合自己的定位组合，在其中填充属于自己的内容，然后综合判断哪个标签组合能为他人创造更多的价值。

常见的变现类型

常见的变现类型有 4 种，分别是分享成品、提供服务、传授他人、成就他人。这 4 种类型的变现程度呈阶梯状上升，体现了为他人创造价值的 4 个层次。可见，变现等同于为他人创造价值，你创造的价值越大、越持续，赚的钱就越多。

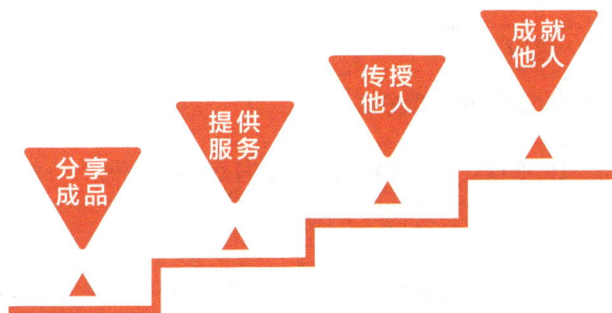

分享成品

- 把自己创造的产品通过图片、视频、文字等方式分享给更多人。

- 推荐自己觉得好用的产品以获取分成。

"分享成品"的门槛是最低的，很多人都是从"分享成品"开始开展自己的副业的。

提供服务

- 用自己的创造力帮助他人，比如帮他人做海报、做 PPT、做创意早餐、理财……

- 提供咨询或诊断服务。

- 推荐他人的服务以获取分成。

提供服务要求你有一技之长。很多人会问："我没有一技之长怎么办呢？"其实我们每个人只要能找到工作，就说明是有一技之长的。那么我们完全可以凭借这个技能为他人提供服务。如果提供不了独立的服务，可以提供咨询服务，如帮助应届毕业生了解这份工作，使其快速入行等。还可以通过推荐他人的服务以获取分成。

不过，提供服务依然是在出售自己的时间，而我们每个人的时间是有限的，这就导致了"提供服务"这种形式在赚钱方面的效率是不高的。所以我们的视野不应该仅仅锁定在"提供服务"上，而是要为下一步"传授他人"做好准备。

传授他人

- 把自己的创作过程提炼成普适性的方法传授给更多人，比如写书、做课程、组织在线社群等。

- 推荐他人的课程或方法以获取分成。

无论是分享成品还是提供服务，如果我们在这方面取得了一定的成果，就可以把经验传授给他人。

比如我经过多次提供一对一咨询服务后，提炼出了一套挖掘天赋的通用方法，因此开设了天赋训练营，后来我又把天赋训练营的课件内容扩充成了这本书。

无论是书还是课程，都可以超出时间和空间的限制，批量出售给多人。也就是说，花同样的时间，"批量"传授他人带来的收入远超一对一服务带来的收入。我在 2014 年出版的第一本专业书，到现在还保持着每年上万册的销量。

当然传授他人并不是一件容易的事情，需要有比较强的归纳能力和分享能力。好在这是可以后天培养的，是人人都可以具备的能力。当然如果你暂时还不具备这样的能力，可以先推荐你喜欢的课程获取分成。现在很多课程都有分销功能，只要动动手将营销内容转发到朋友圈就有可能获得分成。

成就他人

- 教他人学会变现。

- 通过建立平台或社群连接彼此、批量孵化、形成生态。

- 推荐他人加入平台或社群以获取分成。

- 投资。

传授他人只是把知识和经验"给"出去，但是对方能接收多少，我们并不知道。而成就他人是实实在在地帮助更多人改变自己的人生。比如淘宝这个平台催生了一大批中小卖家并衍生了许多职业，像是淘宝网店的专职服装模特、摄影师、设计师等，为无数人提供了就业机会。

如果你眼光很准，也可以通过投资轻松地赚取收益。比如我有个老师之前自己开公司，虽然赚了不少钱，但是真的非常辛苦。有段时间公司经营不善，差点倒闭，后来好不容易才挺了过来。之后她把这个公司转让给了一个朋友，自己只拿分红，现在每天什么都不用做，收入反而比之前更高了。

当然投资这个事情需要慎重，毕竟没有人脉和资源，很容易亏钱。建议从低风险的项目开始。

上述几种方式就是变现的几个不同层级，从分享成品到提供服务，再到传授他人，最后成就他人。以前我一直觉得赚钱没什么大不了，写到这里才发现，赚钱真的是一场修行。如果我们能在有生之年成就他人，顺便又能赚到很多钱，那不是世界上最美好的事情吗？

如果你想开启副业／复业，不妨沿着这样的轨迹前进。比如先在朋友圈分享自己的日常，经营好自己的人设，类似"爱生活的摄影师""特别会做饭的全职'宝妈'""出版过畅销书的文艺女青年"……然后逐渐提供自己的服务，比如提供咨询、摄影服务、有偿手工蛋糕等。之后，可以把自己的经验提炼成一套通用的方法，批量出售给更多的人，比如开设课程、写书等。当你积累到一定程度之后，也许真的会拥有自己的平台和资源，帮助更多人成功。

我自己就是受到了这样的启发，因此我在第二次创业的时候，主要的变现方式就成了传授他人，但是没有能够持续下去。因为我既没有做用户增量，也没有及时研发新的课程。一个人的能力毕竟是有限的，研发课程的周期又比较长，因此这次创业，我就尝试用成就他人的方式。

我目前是一家身心健康企业的联合创始人。我们成立了一个平台，在平台上发布身心健康相关的知识和服务，并从受益的客户中招募合伙人，一起将平台发展壮大，同时也为合伙人提供项目分成，帮助合伙人在利他的基础上获取收入。有了合伙人加盟后，平台的发展速度明显加快了，可以服务更多有需求的用户。这也验证了一句话：一个人可以走得很快，但一群人才能走得更远！

30 余种变现方式举例

看到这里，可能还是有人不明白到底应该怎样变现。在这里我会举一些例子帮助大家了解。以我的天赋训练营为例，我有 1/3 的学员提交了 MVP 方案，从中我归纳出了 30 余种变现方式，具体内容如下。

- 理财、保险类。

- 职业发展类。

- 专业领域带领入门（国企、知名互联网公司、广告公司、车联网领域、游戏公司等工作经验介绍，某领域学科入门等）。

- 人脉资源链接（找工作、做副业）。

- 社群运营（读书营、成长营等）。

- 心理类（咨询、聊天、自信表达等）。

- 健康类（瑜伽、滑雪、健身等）。

- 个人形象（美容、穿搭等）。

- Q 版人像定制。

- 插画、油画等教学。

- 手工（做钱包、玩偶、服装彩绘、手工食品等）。

- 个性签名设计。

- 视觉笔记、思维导图、手账等。

- 流量增长经验（抖音、小红书、知识星球、公众号等）。

- 好物推荐、带货。

- 收纳整理。

- 轻创业（精酿啤酒、甜品店等）。

- 广告、赞助。

- 课程、写作等。

我还可以举我自己及身边朋友的例子，我们的变现方式主要包括以下内容。

- 图书版税。

- 专栏收入提成。

- 平台不定期合作。

- 平台长期合作。

- 一对一咨询。

- 图书打卡。

- 知识星球年费收入。

- 公众号打赏。

- 一对一写作指导。

- 直播课程。

- 训练营收入。

- 高端课程收入。

- 线下活动。

- 会员制收入。

- 广告。

- 企业咨询。

- 直播分成。

- 课程分销。

- 做项目。

……

就我个人而言，我的收入主要来源于写作、课程、咨询等多种变现方式组合，收入从几十元到数万元不等。

也许有的人会问："你怎么有时间和精力做这么多事情啊？"其实道理很简单，以往<mark>积累下来的经验和内容是可以被不断使用的</mark>。比如我写了一本书，那么书里的内容可以被做成系列课程，课程里的内容又可以被拆分成主题演讲，或者再组合成其他课程内容在不同平台传播。在讲课的过程中，我通过和学员互动，又可以产生新的灵感，这样就能源源不断地产出新内容，新内容又有可能用作新书内容。这些内容又吸引了更多的个人和企业找我咨询，产生新的收费项目……

以前我在公司里工作只能赚一份固定收入，但是通过写作和课程，在每个平台都可能出售成千上万份课程，与多个平台的合作数倍放大了原有价值，我的单位时间收入自然越来越高。

最小可行产品

我在每一期训练营的最后一天，都会组织 MVP 模拟变现活动，学员们提前把自己的想法做成海报并贴上 10 元的付款二维码。而我会在活动前给每个人发 10 元红包，大家可以将这个 10 元红包投给自己喜欢的方案。那一天是名副其实的狂欢日，大家可以提前享受变现的乐趣，也能真正地了解 MVP 的核心指导精神：<mark>先完成，再完美！</mark>

我也希望通过这个环节让大家意识到：赚钱不是目的，而是要通过赚钱体会到为别人带来价值的喜悦感。那一天，很多学员会因为赚到了几十元而欣喜若狂，因为自己的想法被别人认可而感到无比开心。

<mark>如此看来，钱的数量和快乐程度并不成正比。被金钱"奴役"和利用金钱感受快乐之间存在着天壤之别！</mark>

看到这里，你是不是很激动呢？是不是也想做出自己的 MVP 方案呢？但是这个时候，你

的脑海中会不会又响起另一些声音：我行吗？我好像啥都不会，我好像没有什么精通的，会有人买我的产品吗？赚不到钱怎么办？……

别着急，在你了解了 MVP 的特点之后，这些顾虑也许就会慢慢打消了。

三"不"原则

我们从小就被教育做事情要一丝不苟，要精益求精，要"慢工出细活"。这些说法都没有错，但是在互联网时代，迭代的成本大大降低，而市场变幻莫测，因此在行动中达到完美才是这个时代的生存之道。

比如我有个学员很擅长记视觉笔记，群里很多学员夸赞他画得好，他立刻就开设了视觉笔记课程，很快完成了招生和授课。一期结束后，他发现课程内容设置得有些问题，导致后半程授课效果不理想，他立刻就做出了调整并开设了第二期课程。而和他同期的大部分学员还在纠结自己是不是不够好、不够资格，完全没有任何行动，从而错失了让自己改进的机会。

如何像这个学员一样快速行动，快速做出 MVP 呢？请记住下面这 3 个原则。

不"憋大招"

不要总想着"出奇制胜""一鸣惊人""完美无缺"。人们总是把不行动的原因归咎于自己还没想清楚，而不是自己还没有迈开步子。

如果你想行动，其实你不需要想得很清楚，做着做着你就知道该往哪里走。就好像我们游戏闯关一样，你完成了第一关，第二关自然就会出现。但如果你一直在冥思苦想如何攻破第一关而不行动，那你永远都不会来到第二关。即便你直接开始闯关时没有进行任何思考，你在攻破第一关的过程中积累的经验也会帮助你反思、改进，直到通关。

所以，有了想法后，与其继续完善，不如先开始做，在做的过程中思考、积累、改进，让它日臻完善。这并不像很多人以为的那样，要先想完美了才能做完美。不行动，你永远无法做到完美。

不怕犯错

有一个咨询课的学员问我："老师，我害怕给人家指导错了，我不敢开始实践。"

我的回答是："没有人可以永远不犯错，除非你什么都不做。"

所谓的"舒适区"，其实就是把自己包裹在一个厚厚的"茧"里一动不动。没有人注意到你，你不会受到任何攻击或者批评，当然，也不会有存在感。

总有人问我："为什么我在工作中变得越来越'透明'了呢？领导有好的工作都不分配给我，平时升职加薪也想不到我。"我就会问对方："你会主动跟领导沟通吗？你会积极跟他汇报工作或者畅谈工作吗？"毫不意外，对方会说："不会。"

如果你自己不积极主动，对方为什么要主动给你惊喜呢？我有个学员在群里分享过一句话："不发声 = 不发生。"你不积极行动，不积极对外发声，那你的生活就不会有任何改变。

我经常这样鼓励我的学员："把你们一天中做'错'的事情，或者可能做错的事情都写下来，然后好好地夸自己一番。'错'得越多，说明你进步得越快，你的未来也会更加光明。"

不急于变现

很多人在正式开始前，还会担心一个问题：没人理我怎么办？面对这个担忧，有两个解决办法：一是一开始免费，甚至可以额外给对方赠送一些福利，这样做的目的是吸引用户，以积累口碑和好评，有了足够的经验和好评后再逐渐提升价格；二是给自己预留足够的宣传时间，慢慢等待。

比如我的第二期天赋训练营涨价后，快两周都没有人报名，我以为开不下去了，还好我在开营前一个多月就开始了宣传，所以距离开营还有足够长的时间。我就这样慢慢宣传，没想到到最后居然有 70 多人报名，这大大超出了我的预期。

第三期也是类似的情况，一开始没什么人报名，等到快开营的时候突然来了很多人，开营后还有不少人询问要求加入。宣传不会立竿见影，而会缓慢地发挥作用，毕竟用户也需要时间观望和消化。还有很多人喜欢在快截止时才报名，这也是可能发生的。

但是等待的过程中我可没有那么淡定，中间有很多次我都想放弃，想着实在不行还是继续找工作吧，上班赚钱多稳妥啊。但是后来我又想，好不容易才开始的，怎么能这样轻易就放弃了呢？于是我跟自己约定了 6 个月的期限，如果坚持 6 个月还是没有相对稳定的收入，就不做了。结果中间经历了各种磕磕绊绊，到了第六个月的时候，情况就慢慢好转了。

我认识的那些副业或者自由职业做得好的人，也是类似的情况，一般都要坚持至少 6 个月甚至一年以上，才会步入正轨。所以我建议大家可以在做好主业的前提下，顺带着开展副业，等到持续一段时间有起色了，再考虑是否要专门做这件事。不要"脑子一热"就辞掉工作开展副业，否则你会承受很大的压力，即使是你热爱的东西也会变得索然无味，可能还不如在公司里工作的幸福指数高。

当然，如果副业走上正轨了，或是做的时间长了觉得没意思了，也可以继续找其他的工作，然后兼职做副业。做副业的形式并不重要，重要的是你可以自由地决定采取什么形式创造价值，而不是被动地接受别人的安排。

MVP 宣传文案

现在我们来完成 MVP 的宣传文案。注意不是产品，而是宣传文案。

大家可能会奇怪：为什么不先把产品做出来再进行宣传，而要先进行宣传呢？这里我们使用了"以终为始"的逆向思维，即在做一件事情前，先考虑它要达成的结果，再围绕结果去做这件事情，而不是一上来就做事情。

就拿 MVP 来说，如果你不清楚这个产品的价值，这个产品是否能引起他人的兴趣，那你做这个产品又有什么意义呢？有的人苦心准备了好几个月的产品，宣传后发现无人购买，只好取消。我永远都是提前 1 ~ 2 个月招生，然后再准备课程的内容。有人愿意报名，说明你的方向是正确的，这个时候再准备内容也完全来得及。

宣传前，首先问自己以下几个问题。

- 产品名称是什么？

- 服务形式是什么？

- 产品能帮大家解决什么问题？

- 为什么是我来做这件事而不是别人？

- 产品面向什么人群？

拿我自己的天赋训练营来举例。

- 产品名称：21 天天赋训练营。

- 服务形式：21 天社群（课程＋作业＋答疑＋变现活动）。

- 产品能帮大家解决什么问题：挖掘自身兴趣和优势，找到可行的副业方向，掌握实用变现技巧，剖析自我并加速升级。

- 为什么是我来做这件事而不是别人：我更懂互联网；我擅长结合理论和实操方法；我有国际注册心理咨询师证、国际教练认证；我有数百小时的咨询经验；我有多年的复业／副业经验，每年主副业收入加起来超过××万元……

- 产品面向什么人群：初期以互联网人群为主，慢慢向其他人群扩散。

如果你觉得卡在这个地方写不出来，建议翻看前面的内容，并按照前面提到的方法逐一演练，再回答这几个问题就会顺畅很多。因为书中的内容是一环套一环，如果前面的内容没有完全掌握，到后面就会越来越吃力。

只要是认真参与了我的课程的学员，几乎都能够写出 MVP 宣传文案。所以不用怀疑自己，只要你愿意行动起来，就一定可以写出来，每个人的潜力都远远超出自己的想象。

之后可以根据宣传文案制作海报，下面是我自己的课程海报，可以作为参考。

海报不是必需的，如果你有一定的粉丝基础，可以先通过文字形式告诉大家你要开一个课程，看看大家的意向，然后再制作海报。如果你要面向不熟悉你的人进行宣传，那就最好先准备好海报。海报的风格可以和你的个人介绍海报保持一致，这样能加强客户对你的品牌的印象。

MVP 模拟变现活动

我的天赋训练营最大的特色就是 MVP 模拟变现活动，活动时间一般是闭营日的前一天，活动流程如下。

- 提前让大家准备好 MVP 宣传文案，有条件的建议制作海报，并在海报中附上 10 元收款码。

- 准备好之后在群里接龙报名。

- 正式开始活动前，我会给每人发 10 元的红包。

- 按照报名顺序，请大家陆续发出自己的 MVP 宣传文案或海报，以及一分钟的语音介绍。

- 其他学员用手里的 10 元红包选择自己喜欢的方案，这个时候参赛选手可以用各种方式为自己拉票。

- 活动结束后收到最多钱的学员成为本期"变现王"。

在举办这个活动之前，我以为这个活动考验的是大家的文案写作能力和产品策划能力，后来我才发现，其实在这个活动中获胜的关键是营销能力。比如第一期的"变现王"的方案并不出众，但是她平时在群里非常活跃，经常帮助大家，因此大家都对她颇具好感。在投票环节，她积极为自己拉票，吸引了很多犹豫不决、不知道该投给谁的学员。后来她问大家为什么投票给她，很多人都说平时对她就有印象，看她很热情地拉票就直接投票了，根本没注意她的方案是什么。

这些回答令人啼笑皆非。但想想在现实生活中也是这样，很多时候我们选择一个产品并不是因为自己多需要这个产品，而是因为信任对方或对对方印象深刻。

第二期的"变现王"说自己平时就在群里留意看大家对什么话题最感兴趣，也查看了上一期大家的方案和投票情况，最后选择了理财方案。他在群里进行过两次理财分享，而且在群里比较活跃，让人印象深刻。在投票环节，他第一个在群里"晒单"，这个行为吸引了更多人为他投票；而后面的人模仿他晒单，效果就不那么好了。因此在实践过程中，我们要主动出击，争取做"第一个吃螃蟹的人"。

这个模拟变现活动让大家在正式变现之前大胆试错，既可以提前了解方案是否存在问题，也真实地体验了一次变现过程，避免正式变现时出师不利，那样可能会让自己非常受挫。

当然即便是这样，在正式变现的过程中还是可能出现各种问题，这是没办法完全避免的。好的产品都是在"真刀真枪"中试出来的，我们要不断收集用户反馈、不断迭代，在变化中日趋完美。

如果你有自己的社群，也可以按照这个方法举办类似的活动，相信你会觉得非常有收获。你还可以找一些朋友，问问他们对你的 MVP 方案的看法，让他们多提意见，也能达到类似的效果。

除了行动，还是行动

在我的天赋训练营里，我一直在跟大家强调行动的重要性，每一期参加 MVP 模拟变现活动的学员都表示自己的收获非常大，有了很大的突破。

前两期课程结束两个月后，我对学员的现状进行回访，发现在曾经参加过 MVP 模拟变现活动的学员中，有至少 1/3 的学员的副业收入已经上万元。而没参加 MVP 模拟变现活动的学员，基本还在原地踏步。

所以对于想开展复业 / 副业的人来说，行动非常重要，只学习、听课但不行动是没有用的。虽然学习、听课可以提升你的认知，但是如果不能将学到的知识落地，你的人生还是不会有任何变化。

如何落地呢？在完成 MVP 方案后，你可以继续做下面 3 件事。

- 写出你第一步的行动计划。

- 给自己定一个小小的目标。

- 开始正式宣传。

举个最简单的例子，如果你想开设一个课程，那么第一步的行动计划可以是写出课程大纲，小目标是至少有一个人购买课程，正式宣传的内容为制作课程海报并发在朋友圈里。

看，是不是很简单？但是真正能做到的人并不多。这就是为什么赚钱的人总是少数。

产品篇：用行动让你遍地开花

有了核心天赋和定位组合，接下来我们就要通过行动把它们落实成 MVP。这样我们就完成了从兴趣到天赋，再到实际创造价值的过程。有了价值，产品自然就不担心变现了。

扫码或扫描 AR
触发图看视频

变现篇：
从零开始的蜕变之路

有了 MVP 方案并实施了行动后，就到了变现阶段了。很多人问我，第一桶金应该怎么赚？第一批用户在哪里？怎么营销？怎么定价？

其实对于个人来说，赚第一笔钱并不难，难的是持续赚钱，更难的是持续赚大钱。所以在本篇，我将为大家拆解不同阶段的变现思路。

如何赚取第一桶金

为什么说赚第一笔钱并不难呢？拿我的训练营为例，如果学员积极参加变现活动，或者平时在群里做一些分享，然后送大家一些咨询福利，是很容易赚到第一笔钱的。学员之间也很乐意互相帮忙推荐宣传。我的很多学员都通过参加训练营赚到了钱。

如果你的微信中有很多好友，比如有 1000 人，平时朋友圈内的相关内容又足够多，那么开个小课程，也会有人愿意购买。

但是，赚第一笔钱也没那么容易，因为有的人不好意思发朋友圈宣传，有的人不好意思收费，有的人不知道按什么标准收费合适，有的人怕招揽不到客户……在这里我就给大家介绍一些小方法，帮助大家赚到第一桶金。

积极培养"弱人脉"

之所以不好意思发朋友圈，是因为你不想让熟人或者身边的人知道。所以，我们要积极地培养"弱人脉"，积累"弱关系"。

所谓的"弱人脉"或者"弱关系"，是相对于"强关系"来说的。"强关系"是和你比较熟悉的人，比如你的亲人、同事、朋友等。如果想做大做强的话，客户大多来源于"弱关系"而不是"强关系"。一方面因为"强关系"数量少，另一方面是他们非常熟悉你，反而不太愿意为你持续付费，甚至可能反对或者给你带来不必要的困扰。

我的副业收入主要来源于"弱关系"，比如读过我的书的人，或者是在某场分享会上成为我的微信好友的人。这些人不仅在数量上远远超过我的"强关系"，而且愿意付费，有的人甚至因为见到我或者向我咨询而感到非常激动，这在"强关系"中是不可能出现的。

那么怎样培养"弱关系"呢？这里我分享一些自己的经验。

参加社群。关于社群前面已经讲过一部分内容了，我认为参加社群是新手起步最容易的方法。你可以参加一些有影响力的社群，在社群里积极参加活动、主动分享或者回答大家的问题，引起大家对你的关注。

如果你实在找不到社群参加，那你可以参加一些质量比较好的训练营或者读书营，然后进入相关的社群。

我之前曾经参加过一个副业课程，里面有一个老学员的月收入在 10 万元左右，她的产品就是教新人开展副业，用户完全来源于这个几百人的社群，由此可见参加社群的重要性。

找机会分享。虽然我性格内向不爱讲话，但我深知分享的重要性。我刚参加工作时就开始写博客，记录工作心得，后来我的文章被一些平台转载，更多人因此认识了我。之后我开始写书，积累了很多粉丝。慢慢地就有一些平台邀请我去分享，虽然是免费的，但是我一般都不会拒绝。

2018 年，我出版了自己的第二本专业书，并发布了一套原创的专业理念，当时我受邀参加了几十场免费的对外分享会，我的公众号粉丝数量迅速涨了 5 倍。

可能有人会问："没有平台找我怎么办？"那我建议你可以先从公司或者社群里的分享开始。很多社群都会组织分享活动，通过分享，你可以快速积累粉丝。

我的付费社群和天赋课都非常欢迎大家分享，很多人分享后可能立刻就会接单。比如有一个学员分享了职业发展方面的内容，快结束的时候她说，如果大家有职业方面的困惑，可以联系她一对一咨询，结果有 3 个学员找她一对一咨询。咨询的效果不错，学员之间口口相传，为她积累了一波好评。

分享不仅是最好的学习方式，也是最快积累"弱人脉"的方式。

通过平台积累粉丝。如果你有公众号，或你在抖音、微博、知乎、小红书等平台上有账号，坚持发内容可以积累不少粉丝。比如我一开始喜欢写博客，后来转战公众号，一直到现在我还在写。公众号的好处是如果你不方便留微信号，那可以留公众号，把你的粉丝聚集到一个地方，然后将其转化到你的产品或服务上。除了公众号，其他平台上的账号也有类似的效果，只是需要坚持。很多人发表了几篇内容后，看到没什么人关注就放弃了。这个时候可以调研一下同类的优质账号，看看他们是怎么做的。或者就不要在意结果，愿意写什么就写什么，这样反而比较容易坚持。坚持下来才有机会持续改进。

平台合作。我曾经受邀参加一个网站的直播分享，分享的是互联网产品设计方面的内容，当天晚上有近万人观看该直播，我的公众号也借此涨粉无数。个人感觉与平台合作是最快的涨粉方式。所以如果有条件，可以多和平台合作。不过有一些平台在这方面会有一些限制，不允许你留自己的联系方式。但是一般情况下，平台会组织用户社群，这样大家还是有加你微信的机会的。你可以在社群里主动进行自我介绍并邀请大家添加你的微信号，不然很多人会不好意思主动迈出这一步。

如果平台本身的流量很大就更好了，即便不能留联系方式，真正对你感兴趣的人也会在网上搜索你的相关信息。

资源互换。你可以和周围的人互相推荐或者互相帮忙获取流量。比如我有个朋友做知识星球，我在他的星球当嘉宾回答问题，既给他提供了内容，也从他那里吸引了一些粉丝。而我有不少粉丝也通过我知道了他。很多人都建议与自己粉丝量相当的人资源互换，但是我有不同的看法，我认为不一定要粉丝量相当，只要定位相关但不冲突，而且互相都觉得合适就行。

举个例子，A 有 10 万名粉丝，B 有 1 万名粉丝。但是 A 的粉丝群体和 B 的粉丝群体完全不同，B 的粉丝群体更高端并且 B 在他的领域里处于头部，而且在 B 的圈子里没有人知道A。在这种情况下，A 和 B 还是可以做资源互换。

参加线上线下活动。如果有机会的话，可以积极地参加各种线上线下活动结交更多的朋友。这些机会可能来自社群，可能来自平台，可能来自朋友。虽然我们平时不会经常联系这些朋友，但是说不定哪天我们就能帮上别人，或是得到他人的帮助。我自己一些很好的合作机会，就是通过"弱关系"介绍的。

很多人事业不顺，其实和社交、圈子有很大的关系。虽然靠自己是件好事，但是我们也离不开别人的支持。比如在公司里需要同事的支持，和平台合作需要平台的支持，出书还需要同行帮忙写推荐或者互相宣传。所以，良好的社交关系对我们开展副业／复业有非常大的帮助。

保持创造力。如果你想得到更多的平台合作邀请，就需要有持续的内容产出。无论你擅长什么，你都需要实实在在地将内容创造出来并发布出去，让更多人注意到你。这样你才有可能积累更多的"弱关系"，迎来更多的合作机会。合作机会又会为你带来大量的"弱关系"，如此形成正向循环。

持续分享，持续运营

有了足够多的"弱关系"，我们就可以通过朋友圈、公众号、社群等渠道发布和产品或者服务相关的信息了。

当然这不是说让大家整天发广告，而是发布相关信息。比如我是做摄影的，那我可以多发布自己的摄影作品、对摄影的理解、摄影技巧等，偶尔发发广告，吸引客户约拍即可。客户约拍，要么是因为你的作品足够惊艳，让人看一眼就爱上；要么就是因为你经过长期分享，积累了一些粉丝；要么是你的产品价格足够低。

如果想变现，就要尽早积累，而不是到想赚钱的时候才开始行动。你可以把自己的兴趣爱好先展示出来，然后持续行动，直到你的兴趣爱好变成你擅长的方向。在这个过程中，一定要分享。很多人认为只有做得足够好才可以分享，其实并不是这样。

比如我刚工作没多久就写了第一本专业书，那个时候我的文笔稚嫩，专业能力也不够强，而且我又刻意写得非常接地气，没想到反而赢得了大众的好评，销量很好。过了几年，我的专业能力变强了，就写了第二本书，但是销量并没有第一本书好，因为并不是每一个读者都具有相关的专业知识，而读者看不懂时就会觉得很受挫。又过了几年我开始修订第一本书，这个时候才发现：幸好写得早，如果是现在写，说什么都写不出来了。我现在的绝大部分粉丝，都是第一本书的读者，那本书是 8 年前出版的，当时市场竞争并不激烈，后来类似的图书越来越多，新书很难脱颖而出，所以凡事都要趁早。

积累了足够的"弱关系"之后，就可以着手准备服务和变现了，这个过程中要注意 3 件事，分别是营销、收集反馈和迭代。

营销冷启动。如果是第一次宣传产品，可以先准备好宣传文案或者海报，找几个朋友看看效果，觉得没什么问题了可以试探性地发在朋友圈或者公众号中。

收集反馈。宣传文案或海报发出去以后，可能会有人询问，这个时候你需要特别关注大家提出的问题，常见的问题可以收集起来，做个"常见问题"模块写在下次的营销文案里；

也可以思考一下如何优化宣传文案，从而打消大家的疑虑。通过这个环节，我们会更了解用户，更加知道他们想要什么，从而更好地满足用户的需求。

持续迭代。 收集反馈后，除了优化营销文案，还需要改良产品，比如我的训练营根据大家的反馈，增加了很多答疑环节，延长了时间，调整了课程顺序，后续还开发了新课程，等等。

持续营销。 产品优化后，相应的营销当然也要跟上。营销不仅仅是写一篇宣传文案，我们是否能持续变现，取决于产品是否吸引人、是否经得起时间的考验，产品数量是否足够多，粉丝是否足够多等。产品再好，没有足够的粉丝也无法实现持久销售，所以我们必须持续涨粉、持续分享和宣传、持续优化。

持续收集反馈。 产品持续迭代、持续宣传后，还需要持续收集各种反馈，然后再迭代、再营销。

这样就形成了一个持续变现的闭环。对照这个闭环，很容易看出我前几年创业失败的原因在哪里。那个时候我只做了课程和招生前的宣传，没有持续营销、收集反馈，也没有持续迭代。我在前期通过做免费分享快速积累了大量粉丝，但后面就没有再继续分享了，也没有再有意识地去涨粉。讲完课以后，我虽然也发现了一些问题，并在下一次课程中改进，但这都是从我自己的角度出发，我没有收集过大家的建议，当时也不打算考虑别人的看法。至于迭代，当时我的每一期课程其实差别都不是很大，而且后续也没有研发新的产品。于是在讲完几期以后，我的流量池已经干涸，后面就无法继续变现了。

经过那次的教训，我在今年创业的时候，经常告诫自己要"细水长流"，哪怕一开始收入少，至少要保证自己的变现渠道是畅通的，而不是做"一锤子买卖"。

当然，这是件很难的事情。我们总会遇到不太顺利的时候，有可能买单的人非常少，这个时候我们很可能会退缩，甚至会停下脚步。做社交电商、做课程、做训练营的人很多，但是能坚持下来的人并不多。**不管前期怎么样，你都要尽量坚持，要让别人知道你一直在做这件事情**。我认识一个很优秀的老师，最开始他的课程只有 5 个人报名，但是他依然很开心地给这 5 个学员上课，现在他的学员已经发展到上千名了。

所以，如果没有多少人对你的产品或服务感兴趣，哪怕是从不收费开始，也要坚持下来，在交付的过程中获取用户的反馈再逐渐迭代，后面自然会遇到越来越多愿意买单的人。

没人光顾怎么办

如果无论如何，就是没人光顾你的生意，那该怎么办呢？在这里我根据自己的经验给出几条建议。

培养良好的心态。可能第一眼看到这句话你会觉得这是句废话，但是当你真正经历过，你就会知道良好的心态的重要性。我发现当我越不自信的时候，结果就越不好；当我越相信自己的时候，就越可能发生奇迹。

我经历过很多次无人光顾的窘境，有的时候什么都没做，只是默默坚持，居然就迎来了转机。那些姗姗来迟的客户，有的是早就看到了我的宣传方案，但是一直在犹豫；有的是恰巧看到朋友圈有人"晒图"；有的是和朋友聊天时无意听说，然后就忍不住下单……

我有个朋友做自媒体博主，现在做得非常成功，其实他已经做了 3 年了，前 2 年都是不赚钱的状态，可他一直在坚持。

所以我们一定要做自己真正感兴趣、真正热爱的事情，一定要在前期花心思挖掘出自己的天赋。因为只有这样，你才有可能坚持，才有可能保持良好的心态。

逐一排查发现问题。除了良好的心态，我们还需要积极行动起来。如果宣传之后，市场上没有任何动静，就要逐一排查，看看到底是哪里出了问题。

比如你的产品方向是否吸引人？宣传文案是否吸引人？宣传渠道是否太过单一？是不是自己的微信好友或者公众号粉丝太少？是不是定价太高？

前面两个问题可以找一些身边的朋友帮忙看看。第三个和第四个问题可以自查一下，如果粉丝数量太少，建议先不要做课程，可以先从一对一咨询或者带货等门槛更低的形式做起。关于第五个问题，后面我会详细分享定价的策略。

是否让人一看就有交易冲动。如果你拥有很多粉丝，那么可能你卖什么都会有人买。但是如果你的粉丝并不多，并且你的个人介绍、产品服务没有让人一看就有想购买的冲动，那想成交就太难了。"万事开头难"，你需要对自己有更高的要求。

反向咨询未成交者。如果有人曾经咨询过你的产品，但是最后没有购买，你可以找他们询问未购买的原因。不过这一点说起来容易，做到并不容易。因为很多人都不好意思这样做。我当时就是因为产品长期没有成交量，所以不得不找了两个最近咨询过我的人询问，刚好那两个人是我的副业课里的同学，所以大家很愿意互相帮忙，他们给了我很好的建议。

如果你问的是不认识的或者没有任何交集的人，他们很可能不会回复你。这个时候也不要气馁，可以调整沟通话术，诚恳地向他人询问，总会有人答复你的。一旦有人回答，你就可能收获非常重要的建议，记得事后一定要向对方表达真诚的感谢。把自己能做的事情做到位，说不定哪天对方就成为你的忠实用户呢。

如果发出宣传后效果很好，就能证明这个方向是对的吗？也不尽然。这是一条漫长的道路，有的方向一开始顺利，但是很快会陷入僵局；有的方向一开始不顺，经过长期的积累会越来越好；有的方向像坐过山车一样大起大落……在这条路上，我们的信条就是不受外界干扰地找到真正的自己，砥砺前行。

看到这里可能有的人会感到失望："这条路这么艰辛，我还是好好上班算了。"其实在哪里都是一样的，上班虽然表面看上去安稳，但是也一样会经历各种波折。人生的挫折是无法避免的，与其落荒而逃，还不如迎难而上，尽早锻炼自己的能力，从而无惧外界的任何挑战。

还有的人可能会感到疑惑："你刚才不是说要收集反馈不断迭代吗？现在为什么又说要不受外界的干扰？这两者的区别是什么？"

不断迭代指的是根据客观情况完善自己的产品，使之为他人创造更大的价值；不受外界的干扰指的是保持平常心，不被情绪所累，不否定、怀疑自己，坚持做正确的事情。做到这点需要莫大的勇气和智慧，而智慧，则来自丰富的经验。

稳扎稳打，逐步涨价

定价是一门大学问，尤其是从零开始的时候，如果价格定高了，没有人光顾，肯定会严重打击你的自信心；如果价格定低了，你又会觉得吃亏。

那么，怎样定价合适呢？这里给大家介绍一些我自己的经验。

先付出，再收获

我们一定要记住"先付出，再收获"。很多人做副业或成为自由职业者甚至创业，都是抱着赚钱的目的来的，但这样往往是赚不到钱的。还有的人以为从兴趣出发慢慢将其发展成天赋，就一定能赚到钱，最后发现事与愿违，于是就开始对自己产生怀疑。

正确的做法是做自己真正喜欢或热爱的事情，一开始不要计较收益，只有不断积累，你才能得到相应的收益。付出与收益的关系可能如下图所示。

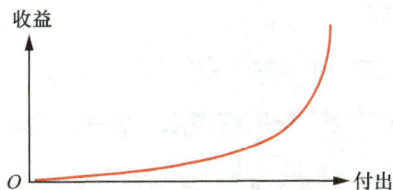

一开始，我们付出很多，收益却少得可怜，每天都在做"赔本的买卖"；但是随着时间的流逝，最终收益会远高于付出。虽说"种瓜得瓜，种豆得豆"，但是收益和付出之间并不是

呈正比关系。

世界上万事万物都遵循这样的道理。就拿我们的成长过程来说，我们大部分人在婴儿时期不可能帮父母赚钱，不仅不能赚钱，还需要父母花费大量的金钱和精力，一直到青少年甚至成年时期，我们才有能力赚钱养家。

再比如理财，我们都知道"复利"的威力，哪怕你早年存了很少的钱，但是经过长期的"利滚利"，最终也可能得到一笔可观的收益。

这些道理大家都能理解，但是为什么做副业时，就要求一定要快速见到成效呢？太多人一边上着各种天赋班、副业课，一边追问老师上完课能得到什么，什么时候能变现，如何快速赚大钱……好像赚钱有某种门道或者捷径，只要知道了就可以立刻赚得盆满钵满。

这就好像让一个婴儿来回答什么时候能赚钱养家，什么理财产品能让自己一夜暴富一样。寄希望于快速赚大钱的人，即使最后发现一切都是骗局，却还抱着一线希望等待下一次机会。

当然，付出不是无止境的。比如有的人坚信一开始要先有所付出，最后不但没赚到钱反而被骗了钱，或者花了冤枉钱，再或者付出了却没有任何收益。我们一定要记住"等价交换"的道理，一开始花钱学习或者免费为他人服务，是为了提高自己的能力，这个时候我们虽然没有赚钱，但是从对方身上得到了自己想要的，这是合理的。等到经验积累得差不多了，你能够给对方带来价值了，就要进行合理收费，保持利益等价交换。

如何识别方向是否正确

经过漫长的积累，才可能获得满意的收益。那么可能有人就会问："我怎么确定现在的方向对不对呢？万一方向走错了，我还傻傻地积累着，然后过了很久才发现那该怎么办？"

关于走错方向的问题，说实话我也害怕，我也担心坚持了很久最后却毫无起色，那不是白白浪费时间吗？毕竟不能快速得到结果是件让人很煎熬的事情。可是，万一这个方向是正确的，只是需要再坚持坚持呢？那我提前放弃了岂不是"更亏"？

为了避免走弯路或者由于误判提前放弃，我总结了以下 6 条建议。

多条道路分散风险。 不管是理财、职业发展还是做副业，都要遵循这个原则。很多人喜欢问我："有 A、B、C、D 4 个选项，我应该选哪一个呢？"我会回答："为什么你一定要选择呢？为什么不能同时尝试呢？你有纠结的时间，不如都尝试一遍。"

我刚毕业的时候，不知道该找工作还是该考研，所以我就一边找工作一边备考，后来研究生考上了，工作也找到了，我再从中做选择。如果我不知道我应该放弃我的老本行投入感兴趣的新领域，还是继续做本职工作，那我就都做着，最后看哪个效果好我就专心做哪个。

我有个很优秀的朋友，她是个全职"二宝"妈妈，平时主要靠带货赚钱。我建议她不要只带货，要发展一些其他的天赋，"多条腿走路"。这样不仅增加收入渠道，还能顺带提升带货收入。她听了我的建议后，结合自己爱说话的特质，一方面尝试帮我做社群运营，结识了很多新的潜在用户；另一方面积极地参加其他的社群做分享；同时她还参加了公益咨询服务。结果在两个月的时间内，她的微信好友增加了 3 倍，带货收入也提升了 1 倍。

如果你不愿意"一条道走到黑"，那不妨结合自己的特质多走几条道，这样在降低风险的同时也容易找到最适合自己的道路。

培养耐心，不急不躁。 前面说过做副业至少要坚持 6 个月，其实任何一个方向，如果没有经过长期的检验，都不要太早下定论。去年我买了一些基金，过了好几个月都没怎么涨，我就想赶紧卖掉，结果后来因为太忙了就把这事给忘了。过了 6 个月左右我突然想起来了，再一看收益居然涨了一些。等到又过了 6 个月，基金收益已经涨了很多了，我不得不感叹时间的力量。

其他很多事情也是，一开始坚持了很久都没什么起色就想要放弃，但是过了半年再看，总会有一些结果。前段时间我开设课程时，发现大家都在做，而且课程也不是很好卖，我就怀疑开设课程已经是"红海"了，这里很难再有机会了。但是你会发现那些做得好的老师，无一不是坚持了好几年的。所以无论如何，先坚持 6 个月，6 个月以后看看结果再说。

当然，这不是说坚持 6 个月就一定会有收获，而是把 6 个月作为最低的门槛，一般来说如果真的想取得稳定的收益，花的时间很可能比 6 个月多得多。所以我再三建议大家，没到火候时，不要急着变现，先把主业做好，一边做主业一边培养通用能力，用主业"养"副业。等副业收入稳定了，再做后续的打算。

事实上，不要说 6 个月了，大部分人可能连 1 个月都坚持不了。很多时候你稍微比别人多坚持那么一下，就可能有不一样的结果。我就是这样，在不断的绝望中和"再坚持一下"的自我鼓励中，慢慢地撑了过来。

不断调整策略。坚持是一种态度，但不代表"不变化"，在这个过程中你可能需要不断调整策略和方向。

比如我一开始只想做一对一咨询，做着做着就有了开设课程的念头，后来我又跟其他平台合作，开设了一些专业课程。在和平台合作的过程中，因为互相了解，双方有了深度合作的意向，我因此又改变了之前的方向。

类似这样大大小小的调整一直都没有间断过，大到换一个新的盈利模式，小到改进宣传文案，你需要不断地收集反馈、不断调整，才能逐渐接近正确的方向。

这并不是个别现象，而是遵循市场运作的客观规律的结果。比如阿里巴巴最早只做 B2B，京东最早面向的是线下用户，华为最早是做交换机的……无论是大公司还是小公司，都是经历了多年的摸爬滚打，不断地进行调整，才一步步走到了现在的位置。公司都是如此，又何况个人呢？

加强营销。营销是一种非常重要的能力，而且不太需要经验的积累。我周围营销做得好的人，大部分都比较年轻。因为营销需要胆子大、敢闯敢拼、不断有新点子，而年轻人恰恰在这方面比较有优势。

我还观察到了一个现象，但凡事业发展得不错的人，没有哪个是营销能力不行的。营销不仅仅需要技巧，它更需要强大的心态和行动力。很多人报了各种营销课，学习了很多理论和技巧，但放在自己身上却不管用，就是这个原因。

举个例子，我们常会遇到产品推出后无人问津的情况，这个时候很多人会失去信心，选择放弃。以前我一直以为只有新手才会遇到这种情况，后来才发现，即使是粉丝量很大的老手也一样会遭遇流量瓶颈。但是与那些轻易放弃的人相比，**营销力强的老手不会轻易放弃，他们会想尽一切办法解决问题。**

比如我有个老师，她有门课程的价格比较高，一开始卖得很不错，但是后来报名的人就渐渐变少了。如果是我，我会想是不是价格定得太高了，或是这个课程不够好，但是这个老师不一样，她想出了各种以前没用过的方式引流，比如免费答疑、限时优惠、赠送课程、请优秀学员帮忙宣传、提高佣金比例等。那段时间我的朋友圈总能看到她的课程宣传。最后她不仅按照预定目标招生成功，还发现了很多效果不错的引流方式。她把这些经验总结下来，形成了新的课程，又吸引了一大波粉丝。

困境大家都会遇到，解决问题靠的是心态、头脑和行动。

看到这里有些人可能会想："那我完了，我可以吃苦、努力，但是我不喜欢营销，不喜欢站在人前，不喜欢宣传自己。"说实话，这样的人非常多，我自己也是这样的人。那我们是不是就没希望了呢？当然不是！

合作共赢。我们不喜欢营销，但是我们可以找人合作。不过合作也是一门学问，我之前就经历过很多次失败的合作，所以对于合作有不少心得。

首先要考虑的是与平台合作，关于与平台合作前面已经讲过很多了，这里就不再赘述了。一般来说，与正规平台合作不要太计较得失，因为平台可以给你更高的曝光量，而且平台之间很有可能会互相介绍，所以只要有机会就尽量抓住。

有的时候，平台提出的要求，你可能不是很满意，在这种情况下可以考虑平台提出的要求是否对自己有其他的好处。比如，之前有个培训机构找我合作开设一门课程，课酬给得不高，但是刚好我自己也计划开设一门类似的课程，该培训机构有专业的教研团队，可以帮我拟大纲，这些大纲在未来我开设自己的课程时也可以参考，节省了很多精力，所以我还是答应了这个合作。后来因为效果还不错，我跟这个培训机构又有了更加深入的合作，这带给了我很多意想不到的回报。所以只要互相都觉得有价值，不妨先合作试试再说。

其次是与个人合作，在与个人合作时一定要"擦亮眼睛"。千万不要有"抱大腿"的想法，一旦你有不劳而获的想法，第一个吃亏的一定是自己。比你资源更多、更有优势的人，为什么要找你合作呢？能主动找来的，是真的刚好与你互补，还是想从你这得到一些好处呢？

建议先考虑清楚自己需要什么，然后联系和你资源互补的人。一开始可以大家先试着一起做，不要急于谈分成、谈收益，因为一开始什么都不确定，不知道能赚多少，也不知道每个人的贡献能有多少。真正靠谱的人，往往都更急于做事、更看重长远发展，他们并不急于赚钱并且愿意主动付出；而总想快速赚钱的人，往往是不太可靠的人，这样的人更适合雇用，不适合合作。

在找到合适的人或者平台合作之前，如果你觉得一个人应付当前的事情力不从心，可以从用户中招募志愿者，比如我每个社群都有临时志愿者帮忙，担任的职位有社群的班主任、助教、社群运营人员、设计师等，他们都表示不要报酬。那他们为什么要做志愿者呢？有的人希望跟我产生更多的链接，有的人想跟我学东西，有的人希望在社群里更有参与感，有的人想锻炼自己……我一般会给他们一些福利，比如礼品、签名书、免费上课的机会等。如果是长期合作的志愿者，可以视对方的贡献给对方一些报酬。

不过无论如何，面对送上门来的合作机会，我都会认真考虑。有的时候看起来不怎么样的合作机会，也许未来会给你带来新的机会；即便是失败的合作，也会给你带来经验教训。**人生的每一步都会留下脚印。**

"一鱼多吃"。一条鱼，可以蒸着吃、炸着吃、煮着吃、炖着吃……同理，我们的产品也可以被包装成不同的形式重复利用，这样不仅可以提升效益，还可以缩短你探索方向的时间，快速验证结果。

我前面提过的不断重复利用现有内容和多家平台合作，其实就是遵循了"一鱼多吃"的思路。在这里我再详细解释一下。假如我给 A 平台写了 40 讲的专栏，当 B 平台邀请我开设课程的时候，我可以结合 B 平台用户的特点、定位、要求，从 A 平台的专栏里挑一部分内容修改成 B 平台上的一节视频课。与 A 和 B 平台的合作吸引了 C 和 D 平台，这样我再分别按照不同平台的要求修改之前的内容或者形式就可以了。以前我一直觉得去每个平台都应该讲全新的内容才行，后来发现完全没有必要，因为不同平台的受众可能完全不同，形式一般也不相同。当然需要注意的是，这么做要提前跟平台沟通，征得对方的同意，不要违反平台的规则。

通过这样的思路，我发现同样的内容稍加"翻新"，可以使用很多次，并会衍生出很多新的内容。所以我每做一件事情，都会有意识地思考这件事情是否可以"一鱼多吃"，从而产生更多的价值。比如我的上一本书《生命蓝图》里提到了一部分天赋的内容，今年年初我把这部分内容完善成了线上社群课，又沿用了里面的一部分内容开设了线下课，还有一部分被删掉的高阶内容被我放到了新开设的咨询课里。再比如天赋训练营运营了一段时间后我发现效果还不错，我就把课程内容写成了书，同时跟出版社商量做配套的视频课。虽然这些内容最早都来源于《生命蓝图》，但是经过这么一轮轮"折腾"，最后的重复率仅有 10% 左右。

除了内容的重复利用，在变现方式上也可以遵循"一鱼多吃"的思路。比如我通过天赋课积累了很多学员的分享案例和变现方案，经过学员同意后我把这些信息放到自己的知识星球里，再用比较低的价格吸引大家进入我的知识星球并进行分享，这样做第一可以沉淀信息；第二可以帮助学员引流，从而吸引更多人分享；第三可以为我的天赋训练营做引流；第四可以额外增加星球的收入。实现了"一鱼四吃"。

后来，我又想到一个新思路，就是把社群当作收集信息的渠道，通过日常和粉丝的互动，了解他们的需求，然后每个月做一期主题分享。这样既可以倒逼自己输出新内容，也提升了社群的活跃度，吸引更多粉丝付费加入。而这些新内容又可以成为新书、新课程的素材。最重要的是，这实现了我长久以来的教育心愿，我终于建立了自己的"学校"！

总之，在创造和变现方面，我们一定要懂得灵活变通，用"聪明"的方式最大化自己的价值，实现高效变现。

制定合适的变现目标

在变现方面，大家很容易陷入一个误区，以为赚得越多越好。

我刚开始做自由职业的时候，给自己设定了一个非常夸张的目标，结果很快就泄气了，之后就陷入困境，每天死气沉沉的，毫无激情和动力。

我问了自己两个问题。

如果现在做的这些事情真的赚不到很多钱，甚至不赚钱，我还会不会做？

我想了想：会做！

同样做知识付费，那些赚钱很多的人，他们是怎么做的？我和他们的区别是什么？

第二个问题我想了很久，最后的答案让我恍然大悟。我发现那些赚很多钱的人大多都做过销售，本身对达成目标就有很强的野心和动力，而且他们愿意大大方方地表现自己。在工作上他们也异常勤奋，把自己的时间排得满满的，生活也非常有规律。另外他们普遍成立了自己的工作室或团队，有上班地点，和正式工作没什么两样。

所有的这些，我发现我都做不到也不想做。有朋友劝我不能这么天天待在家里，要做就好好做，正经租个办公室，招个人帮忙。但是这不是我想要的，我之所以辞职做自由职业，很大一部分原因是想自由，这个"自由"不仅仅是不用给别人打工，更重要的是我可以睡到自然醒，可以随心所欲地安排自己的时间，想工作就工作，不想工作就放假……这种小作坊式的工作模式注定做不大，也赚不到什么大钱，但是我感觉非常惬意。如果让我过上"企业家"式的快节奏生活，即便是为自己打工，我也是受不了的。

我就是这样，习惯了轻松、自由、无拘无束，如果非要我活成别人的样子，即使赚再多钱，我也不会感到开心。但这不代表我能力不行，而是我清楚地知道那不是我想要的人生。国外有一个游泳世界冠军，他的教练居然不会游泳，但是这并不妨碍徒弟成为世界级的游泳冠军。每个人的角色不同，有的人适合教别人怎么做，但是自己不适合做；有的人喜欢身体力行。我们一定要找对自己的角色，否则会痛苦万分。

什么角色适合自己，这和每个人的内在动机有关系（这部分我在"天赋篇"讲过）。我的内在动机里，求知值是最高的，但是社交值低、保留值低、自由值高，所以对我来说把自己知道的毫无保留地分享出去，就是让我最开心的事情，而且在这个过程中我也不需要过多地和别人接触，可以自由自在地做我自己。

而那些收入非常高的人，他们的权力值和地位值往往都非常高，他们需要通过把业务做大来满足自己的内在动机。

只要我们做的事情符合我们的内在动机，我们就会感到幸福快乐；反之，就会感到压抑难过。对我来说，我没有那么大的野心和欲望，那我就适合"小富即安"的生活，毕竟想赚更多钱，需要付出的就更多。当然这不是说赚钱一定是辛苦的、痛苦的，我相信那些比我赚更多钱的人，他们在这个过程中是很享受的，或者"痛并快乐着"，因为这能满足他们的内在动机。

所以，清楚"我是谁"非常重要，这样你才能给自己定一个合理的目标。后来我就不再给自己定硬性的目标了，我就选择当前我认为最有价值、最开心的事情去做，同时相信自己可以获得让自己满意的收入。当我有了这个想法以后，感觉浑身又充满了能量，又能开始积极、快乐地做事情了，眼前的事情也逐渐有了进展。

最意想不到的是，当我充分地"活成"我自己以后，居然有一家机构主动邀请我合作，愿意用他们的资源帮我做短视频宣传打造个人品牌，他们看重的正是我这种自由无拘束的状态。而我之前早就有意向做短视频来涨粉，只是因为不擅长这方面，也没有专人指导，更没有那么多精力，所以迟迟没有开展。人生真是充满惊喜，当你离开眼前竞争激烈的赛道，走上属于自己的独一无二的赛道时，原先需要费力争取的东西反而可能毫不费力地出现在你眼前。

靠谱的定价策略

变现其实很简单，只要个人介绍和产品服务足够吸引人，价格合理，就肯定能吸引到第一批用户，然后可以根据情况逐步涨价，最终达到理想数字。

定价策略大致可以分为 4 步：冷启动、逐步涨价、合理价格和理想目标。

冷启动。从零开始的最初状态，也是最难以突破的状态。我建议一开始先不要着急创造收益，可以把价格定得很低甚至免费。比如我一开始做了很长一段时间的公益咨询，收费仅10元，后来我把这些钱都捐给了植树造林项目。

为什么建议一开始不收费或象征性收费呢？这不仅仅是为了招揽用户，也不仅仅是因为我们正处于一个"练手"的状态，更重要的原因是，用户此时对我们的信任值几乎为零。而信任才是成交的根本。

逐步涨价。如果你不收费，一般来说，对方事后也会给你红包作为酬谢。你可以根据红包的情况判断收多少钱合适。比如我有个朋友帮人修改简历，一直都是免费的，但是最近找她修改简历的人变多了，她打算收费，问我收多少钱合适。我问她之前有人给红包吗，她说有，我问一般都给多少，她说一般都是 100 ~ 200 元，我说那你可以收199 元。

我们可以通过这种试探的方式逐步开始收费，直到慢慢地涨到合理价格。

合理价格。建议你把目前的时薪算出来，再乘以 3。因为副业不稳定，不可能每个小时都能排满，而且你需要全力以赴地投入，所以大家普遍认为，3 倍时薪就是合理价格。

还有一种方式就是凭借感觉，比如我有一段时间的咨询价格是 199 元，那段时间总觉得没什么动力，后来涨价到 299 元，感觉自己的付出终于有了等价的回报。

不过我建议一定要慢慢地涨，千万不要涨得太快，因为涨价容易降价难。如果你涨得太快导致后续没有人找你了，再降价就会显得很尴尬。涨价的过程可能很慢很慢，比如我现在做咨询半年了，从 10 元涨到 199 元、299 元，再到现在的 499 元，还远没有达到我心里的合理价格，但是现在也已经有不少人觉得贵了。好在我并不着急，所以我目前的重心还是学习，等有所积累后再慢慢涨价。

理想目标。达到合理价格后，经过长期积累，未来就有可能达到你觉得理想的价格。比如我有个老师的咨询价格是 3 000 元 / 小时，还有一个老师是 2 000 多元 /10 分钟，这些都是我的理想价格。他们之所以敢收这么多，一是因为他们太忙了，每个月接不了几单，"物以稀为贵"，所以即使价格设置得较高也能卖得出去；二是因为他们在专业方面有惊人的积累，所以有底气、有实力；三是因为他们有数量庞大的粉丝。

① 冷启动：
免费或象征性收费

② 逐步涨价：
逐渐涨价至合理价格

③ 合理价格：
当前的时薪×3左右

④ 理想目标：
让自己心动的价格

这些榜样让我看到了希望，只要坚持和积累，每个人都有实现理想目标的那天。

不过，上述这些内容只是我自己这段时间的经验积累，仅供大家参考。我相信成功的方式有很多种，变现也绝不只有这一条路。希望你可以亲自实践、探索，找到最适合自己的变现之路。

比如我自己在坚持了将近半年的时候，接到了一些平台的邀约，后来我就以合作的形式为主，专注于创作内容，由平台帮我做营销和宣传。由于我不喜欢做营销和宣传，所以这就是让我感觉最舒服的方式。不过即便这样，你还是需要学会基本的营销技能，比如写个人介绍、明确个人定位、阐述产品核心价值等，这些内容平台也会要求你提供。

由于和平台合作帮我节省了大量本该用于营销的时间，因此我还可以再去做喜欢的工作，借着工作中的积累，酝酿新的内容。但是很多人并不喜欢受制于平台，更愿意自己做营销，那么他们就比较适合做自由职业或成立公司。无论怎样都没有问题，主要是看你自己的喜好。

变现篇：从零开始的蜕变之路

有了 MVP 方案并实施了行动后，就到了变现阶段了。很多人问我，第一桶金应该怎么赚？第一批用户在哪里？怎么营销？怎么定价？

扫码或扫描 AR
触发图看视频

价值篇：
个人成就指数级上升

一个人的成就靠的是日积月累，但是同样是活几十年，为什么有的人能够取得巨大的成就，而有的人却几十年如一日或者到一定程度就很难突破了呢？这是因为成功是有迹可循的，而只有少部分人遵循了这个规律，或者说很多人只遵循了其中一部分规律。

比如我们都知道个人成长很重要，所以很多人会看励志、成长方面的书籍，但是看了很多未必能改变自己的现状，有的人甚至变得愤世嫉俗，难以融入社会。

我们也都知道赚钱很重要，于是很多人钻研各种赚钱之道，最后却赔了个底朝天。

之所以会这样，是因为大部分人心中没有一张完整的通向成功的地图。我说的"成功"不是指赚很多钱，而是达到自己心目中最理想的状态，获得内在的幸福感。很明显，这条路就是我一直强调的"挖掘特质—积累能力—天赋变现"，这些钱也许不能让你大富大贵，但可以支持你自由自在地选择自己想要的生活。

比如我在 2020 年年初的时候再度辞去了一家知名互联网公司的管理职务，损失了数目可观的薪资和股票。但是我并不遗憾，因为我兴趣爱好广泛、能力全面，辞职后，我可以做其他任何我想做的事情，每天自由安排时间，收入也不低。虽然无法跟过去的薪水加股票收益相比，但是我觉得自由和快乐更加重要。

多年工作中培养的通用能力以及复业的开展，让我有底气说走就走，不会在工作中受任何委屈。可是很多人，明明不喜欢自己的工作，却不敢辞职，因为没有其他的选择。

所以，**真正的成功不是大众眼中的光环和财产，而是面对困境时，你是否仍然能够无限自由地做出顺从内心的选择**。想要得到这样的"成功"，书里已经讲了很多相关的方法了，现在我要专门讲讲非常重要但也很容易被忽略的"能力"。

用能力扩充生命赛道

这个能力，就是我在第一篇提到的"通用能力"，包括学习力、行动力、分享力和营销力。有了通用能力，大家可以快速使兴趣爱好发展成天赋并变现。如果把人生比喻成一棵大树，那么通用能力就是树干，连接着树根、枝叶和果实。如果没有它，整个人就是一盘散沙，无法串联起特质、兴趣、成果，最后的结果可能是看什么都是机会，却什么都抓不住，然后误认为是自己运气不好，再去等待下一个机会。

能力的养成如此重要，却非常容易被无视，因为人们总是希望能走捷径，不断地追求"术"而忽略"道"，最终蹉跎岁月，一事无成。

其实，能力的培养没有我们想象的那么难。首先，它一定是可以通过后天努力得到的；其次，只要你改变了观念，坚持一段时间就能看到效果。就拿运动来说，以前我特别讨厌运动，后来听一个朋友说他老婆最近用健身软件健身，一个多月体形就有了明显变化。那个软件我也有，但是一直没坚持用。有了朋友的现身说法，我一下子来了兴致，照着软件中的视频每天运动 20 分钟左右，强度也不大，结果才过了一个月，就练出了马甲线。我兴奋地告诉朋友，结果朋友不屑地说：练出马甲线本来就不难啊，一个月出效果很正常。

所以，只要稍微努力那么一点点，你就可以拥有让人羡慕的能力了。

学习力：多元化输入与输出

在四大通用能力里，排在第一的是学习力。大家对学习一定不陌生，毕竟每个人都经历过十几年的寒窗苦读，但可惜的是，真正会学习的人并不多。

从知道到传授

我总能遇到一些人，他们无论面对什么新知识、新思想都特别不以为然："内容我都知道啊，一点新鲜感都没有！"然而他们自己的人生却过得一塌糊涂，这是为什么呢？

因为"知道"和"做到"是两码事，很多道理我们虽然明白了，做的时候却发现无从下手或者错漏百出。实践才能出真知，不实践只能叫"自以为"自己懂。

而"做到"和"输出"又是两码事，即便你做出来了，也未必能沉淀并总结出来。在总结的过程中，你经常会捕捉到很多之前没想到的东西。

而"输出"不等于"传授"，你输出了，别人能懂吗？能去照着做吗？能真正学会吗？在教别人的过程中，你往往又能通过学生得到新的启发，领悟新的东西。

这就是学习的过程，从脑子知道，到身体做到，再到用心输出，最后到启发他人。你处在哪个阶段呢？很多人还处在"看"的阶段，没有思考、总结、输出、分享，所以总是觉得学习效果一般。

如果上面这几点都做到，让知识无限循环、回流、利己、利他，又怎么可能知道了很多却依然过不好这一生呢？

从技能到认知

刚才说的是学习的过程，现在我们再说说学习的内容。

一开始，我们肯定要先专攻一项基本技能，否则就没有立足之本。然而遗憾的是，很多人"终其一生"都在提高技能，疯狂学习各种软件知识或者报各种技能班，而软件年年都在更新，技能也很快会过时。这样时间久了会发现要学的东西越来越多，学习效率和精力却逐渐落在了年轻人后面，然后开始焦虑迷茫，找不到人生方向。其实，技能是永远都学不完的，我们步入职场 1～3 年后，就要开始有意识地培养自己的"软技能"了，比如沟通表达能力和认知能力。

有了基本技能和软能力，"深度"就基本有了，接下来还要提升"广度"，也就是我们常说的"跨界"学习。比如我最开始是做交互设计的，后来就开始延伸学习产品、营销、商业方面的知识，后来又接触了心理学和哲学。可是很多人非常排斥学习自己职能范围之外的知识，觉得那些都与己无关，最终成了"井底之蛙"。世界上本没有"井"，所有的"井"都是自己给自己挖的"坑"。

有了深度、广度，接下来还要有"高度"，也就是我们常说的"认知升级"。为什么要"认知升级"呢？我的一个朋友是这样说的："每个人都想知道未来会发生什么，而'认知升级'

可以让我们无限接近未来，因为你站得更高，自然就看得更远。"

很多人以为"认知升级"是在现有基础上做加法，其实我认为恰恰相反。提高认知的关键不在于增加知识，而在于"毁灭"原来的自己。因为提高认知是质变，而不是量变。就好像"破茧成蝶"，自己吐出来的丝结成了茧，再冲破茧变成蝴蝶，其实就是认知升级的过程。

勇于"毁灭"原来的自己，承认过去的自己不够成熟，永远有进步的空间，这需要莫大的勇气和胸怀。这不是否定自己或者批判自己，虽然表面上看起来好像差不多，但是"毁灭"自己是需要极大的自信和勇气的，因为你相信"毁灭"后的自己可以变得更好；而否定自己是因为不够自信，因此不敢改变，只能畏手畏脚地缩在原先的"壳"里，不敢向前踏出一步，自然不可能提高认知了。

所以提高认知的关键，就是敢于"毁灭"原有的自己，这样你才能真正有更高维的认知。

学习的"营养配比"

前段时间有个人问我："我报了一个口碑还不错的培训班，里面'干货'很多，可是为什么我无法串起这些内容呢？感觉很难吸收。"还有人问我："我平时利用碎片时间看书、看网上的文章，每天算下来也学习了好几个小时呢。虽然坚持了很久，但到现在我也没感觉有什么改变，这是为什么呢？"

这是因为学习就像吃饭一样，有主食、蔬菜、水果、甜品等，只有营养均衡，才能茁壮成长。看书就像主食，便宜而且每天都需要，看书能在日积月累中构建起你的知识体系；培训班或训练营、课程就像蔬菜、水果，不仅能帮助你补充在实践方面的营养，还能帮助你融入社群，体验和大家一起学习的乐趣；一对一咨询就像甜品，昂贵而且不会经常吃，能帮你快速获取他人经验或者解决燃眉之急，还能结识"高人"。如果不吃米饭只吃蔬菜和水果，那你能健康成长吗？肯定不能，而且还会感觉虚弱无力！但如果光吃米饭不吃其他的，你会觉得难以下咽，时间久了也很难坚持下去。

就我自己而言，我一般一周看一本书，一个月咨询 1 ~ 2 个"高人"，长期报实践类的课程。读书让我知识丰富、逻辑清晰；上课让我接触到新的内容，并且注重学以致用，还能认识很多志趣相投的新朋友；咨询让我了解厉害的人是怎么看世界、想问题的。我有个老师喜欢定期和各行各业的精英聊天，她说一小时的约谈胜过读几十本书。

如果一开始你没有那么多的预算，可以先从读书开始，读书可以开阔你的眼界、改变你的格局，慢慢地，你就会接触到更优质的圈子。通过门槛较高的付费课程，你可以快速结识优秀的伙伴。当你有了较大的成长，你自然会遇到越来越多的"牛人"，和他们做朋友，跟他们交谈，能起到事半功倍的效果。

学习的"时间配比"

很多来访者说自己学习效果不好，我除了会帮他们诊断"营养配比"之外，还会诊断"时间配比"。我最常问的问题是："在你学习的过程里，输入与输出是1:1的关系吗？你学习完之后会去总结，然后再分享出去吗？"绝大多数人的回答是没有。

只输入、不输出，那相当于你买了一堆东西放在有限的空间里，从来不整理也不使用，时间久了就会显得杂乱不堪，等到想用的时候无从下手。反之，如果你定期输出，就会倒逼自己梳理知识，时间久了会形成自己的知识体系，可以更有效率地吸收知识，同时还增加了自己未来的变现渠道。我现在之所以能够轻松变现，和我早年的分享习惯密不可分。

行动力：输出是最好的学习方式

刚刚说到学习不仅要输入，还要输出，很多人会说："我不知道该怎么输出，没什么好输出的。"会这样说的人一方面可能是因为没有经过足够的思考，另一方面是因为没有经过"行动"这个关键步骤，所以无法输出。

如果输入知识后能够学以致用和实践，在实践的过程中有所体悟，那输出便是水到渠成的事情。输出，是最好的学习方式。

但还是有很多人，以为只要通过学习输入就好了，不重视输出，也不知道要通过行动才能输出，最终就卡在行动这里，不停地"学习"，效果却非常一般。比如我的天赋训练营是一门非常强调实践的课程，但是大部分人把精力放在听课、做笔记上，而没有真正去实践。据我统计，每一期参加MVP活动的人占总人数的1/3左右，而这些人中能够在课后继续行动的又仅有1/3。所以最终能坚持行动的人只占10%左右。

我们不愿意行动，往往是因为背后有很多的限制性观念，比如我还没准备好；我害怕做错，害怕被嘲笑；行动了可能也没用……行动的关键是自信，越自信的人越容易行动，反之就越不愿意行动。但是我们可以通过制定输出目标，倒逼自己行动，而行动又会促进我们不断学习。这样"以终为始"的学习，效率才会更高。

表达力：好的成果需要表达

很多人非常有才华，但是因为不懂得表达自己，因此错失了很多重要的机会。如何表达自己呢？我们可以通过分享的方式练习自己的自信表达力。

可能有人会问："低调点不好吗？难道自己做的事情都要满世界宣传吗？"也许在日常生活中，你做的事情不需要分享，但是在工作中以及副业方面，分享和表达就十分重要了。

我在某知名公司工作的时候，老板曾经跟我们说："不管你们做了什么事情，如果我不知道，就相当于你没做。"当时我很难接受这种说法，经过很多年我才逐渐明白，老板拥有给员工升职和加薪的权力，如果你做的事情老板完全不知道，那他又为什么要给你升职加薪的机会呢？

做副业也是如此，你的产品或者服务再好，如果都没有人知道，那又有谁会来买单呢？

前面说的输出，是表达的一部分，但不是全部。输出更多是站在自己的角度，而表达的对象则是你的同事、领导、外面不认识你的人……这是一个从向内到向外的过程。你需要清楚对方关注的重点是什么，这样才能进行有效的表达。

比如在上一家公司，我曾经让下属准备项目复盘，并向领导汇报。他们第一次写的复盘内容简直"惨不忍睹"，一直在强调工作量而不是项目价值，而且逻辑含混不清。改了很多次之后，大家才开始找到感觉，知道应该如何说到"点子"上，突出项目价值。表达是需要练习的，表达得多了，自然就知道如何找重点。

营销力：赢取信任事半功倍

营销是一种非常重要的能力。很多人对此不以为然，以为"营销"就是做广告，夸大宣传，其实营销的本质是让他人信任自己。

在职场中，两个人的业务能力明明差不多，但其中一人却可以步步高升，看不懂的人会说这是因为他擅长溜须拍马；看得懂的人知道，他赢得了领导的信任。

副业或者创业也是如此，只要有固定的客户或者合作方，基本就能稳定发展。投资人看重的不仅是公司的实力，还有创始人的人格魅力。这一切都说明，信任基础很重要。

如何提升营销能力呢？第一要有眼界，不被知识所限，能够反过来驾驭知识为自己所用；第二要关注他人所需，能够快速反应快速行动；第三是通过日积月累，不断"叠加"自己的定位，积累背书。关于这一点，我在后面会详细解释。

从学习到行动、再到分享，最后到营销，每一步都是从量变到质变的过程。学习得足够多了需要马上去行动，行动得足够多了就要分享，分享到一定程度就要博得他人信任。有多大的信任才能做多大的事情，取得多大的成就。这才是完整的成长过程。

个人价值持续增长三要素

四大通用能力的培养并不是一蹴而就的，一开始我们会更关注个人成长，个人成长到一定程度才会有自己的产品或者服务，然后再慢慢发展壮大。在每一个阶段，我们关注的通用能力都是不同的。

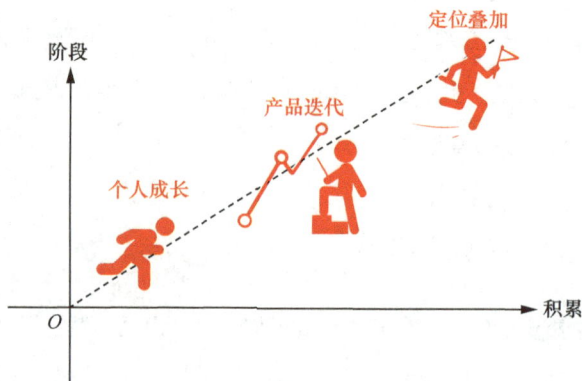

个人成长：从学习到营销力

在个人成长阶段，我们更关注学习、行动、分享。平时注意输入，然后学以致用，再分享出去，同时注重和领导以及同事的沟通、配合。如果能做到这些，那么就会成长得非常快。因为在工作之余注重学习的人本身就不多，能知行合一且擅长分享的人更是少之又少。我自己就是通过这样的成长方式，在短短 3 年内就成了知名互联网公司的专家。在当时，达到这个级别普遍需要工作 5 ~ 6 年，甚至 10 年以上。

但是，当我走到专家这个级别的时候，我陷入了瓶颈，不知道接下来该如何继续提升。过了很久我才明白，决定你在职场走得多远的不仅仅是技能，还有眼界、人脉、情商等，当然这些也可以被统称为"营销"。

你可以试着像我这样填写表 8-1，看看自己平时在学习、行动、表达、营销中的哪方面是有所欠缺的，然后注意适当补足。

表 8-1

序号	学习（输入）	行动	表达（输出）	营销
1	阅读	写篇读后感	发表到公众号、简书等平台	关注阅读量，调整写作风格
2	报课程	在工作中践行	写个 PPT，在内部分享一下	尽量参加或组织有影响力的分享会
3	日常学习	工作了一个季度	写季度总结	主动找领导汇报工作亮点，听听领导的建议
4	和朋友聊天，点燃希望	立刻去做那件一直想做但没有做的事情	提供相关的产品或者服务	请身边的朋友出谋划策、提出建议，迭代优化
……	……	……	……	……

填表之后，你很可能会发现这个表格很不均衡，一般来说是前面多，后面少，甚至出现空白。这个时候你可以给自己定一些小目标，填在对应的表格中，然后朝着目标努力。

产品迭代：步步为营出新品

工作第四年，我出版了自己的第一本书，也就是自己的第一个"产品"，有了产品就需要营销，在营销的过程中又不断迭代产出新的产品。就这样，我陆续出版了第二、第三本书，也和很多家平台合作开设了各种课程，今年又推出了自己的天赋训练营、咨询课、知识星球等，产品类目越来越丰富，我的标签也越来越多，自我介绍也越来越长。

我们依然可以通过填表的方式做诊断，如表 8-2 所示。

表 8-2

序号	学习（输入）	行动（打磨产品）	分享（交付产品）	营销（宣传产品）
1	阅读、听课、一对一咨询、写笔记	写文章、写书	讲课、做一对一咨询	收集反馈、产品迭代、产品宣传
2	内测阶段学员提出的意见、未成交者的意见、朋友的建议	改良产品或宣传方式	开始服务	免费试用、收集好评、晒单等
3	因为工作需要学习一些技能	学以致用	沉淀技巧和规律	寻求合作机会
……	……	……	……	……

产品迭代是个人成长的升级版，个人成长更关注自我的提升，而产品迭代则是把个人的提升浓缩到产品中，影响更多的人。

定位叠加：指数级增长的秘密

如果我们持续地进行产品迭代，渐渐地就会从量变过渡到质变，在这个过程中我们一定会实现跨界及"定位叠加"，最终实现个人价值升级。"定位叠加"是怎么回事呢？我给大家讲一个故事。

今年年初的时候，公司领导请来了一位业界知名的增长专家给我们做分享，他讲到"指数级增长"（一开始一直平缓增长，到某一个拐点后突然爆发式增长）的秘密时，一下子引起了我的兴趣。以前我一直以为"指数级增长"是厚积薄发的结果，并没有什么特别的规律，听了专家的讲解，我才发现原来并不是这样。

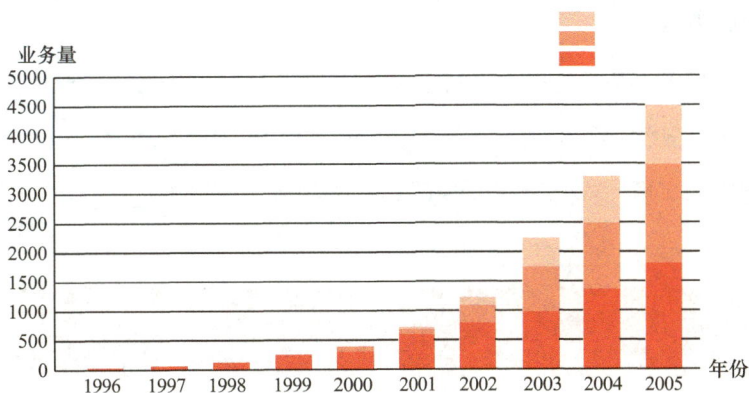

这张图是某公司 10 年的增长柱状图，不同的颜色分别代表了 3 个不同的业务。表面上看，这家公司从 1999 年后经历了一个拐点，之后开始大幅度攀升。但如果拆开看就会发现，不管哪一个颜色所代表的部分，都呈线性增长趋势，只是累加到一起就成了指数级增长。

说实话，这张图让我感到非常震撼，我一直以为自己看问题还挺深入的，现在不得不承认，我也很难避免被事物表象所迷惑，而忽略了真相。这张图让我明白了两件事：**一是影响成功的因素其实很复杂，并不是我之前想的那样"一招致胜"；二是成功在于积累，但这个积累不是单一维度的积累，而是多维度的积累。**

多维度积累

多维度积累的意思是不仅在一个方向上积累，而是在多个方向上积累。比如上述这家公司，如果一直坚持做一项主营业务，那么即使它做得再好，也无法有指数级增长。更何况环境一直在改变，跟不上时代就会被淘汰，诺基亚的陨落就是个很好的例子。但是多项业务一起做就一定会更好吗？当然不一定！卓越的决策者懂得在什么时间引入什么新业务，同时他们也明白，"不能一棵树上吊死"，一定要大胆布局，适时进场。这就是各大头部互联网公司都要让业务尽量多元化的原因。要做到这一点，需要决策者拥有极强的洞察力，而洞察力是经过大量的学习后，认知提升的结果。

做产品如此，人生也如此。前面我们已经讲了各种定位组合，它们都可以作为未来定位叠加的参考。但需要注意的是，定位叠加不会一步到位，而是需要多年的缓慢积累。

我的定位叠加之路

表8-3体现的是我最近这些年定位叠加的过程。在原有通用能力的基础上，我增加了"洞察"一列。虽然"洞察"可以包含在"学习"里，但是因为对于定位叠加来说，洞察非常重要，所以我把它单独列出来。此外，表中还增加了展示成果的"里程碑"一列。

表8-3

阶段性尝试	学习	洞察	行动	分享	营销	里程碑
2014年设计入门	从2009年开始学习专业基础知识	新兴职业，缺乏入门书籍	把学到的东西用在自己的工作中	写博客，经常在团队内部分享	开通微博，积累更多粉丝	出版入门书《破茧成蝶》
2018年复合创新	从2012年开始学习互联网产品、营销、商业、团队管理等方面的知识，注重向上沟通	互联网行业发展进入下半场，复合型人才及增长型人才备受青睐	有意识地进行跨界研究，并在工作中创新	写第二本专业书，与平台合作开设线上课程及专栏	开通公众号，在公众号宣传新书、新课程，不拒绝任何对外分享的机会，主动办免费分享会	出版《破茧成蝶2》，开设专栏"从0开始做增长"，做企业咨询……
2020年跨界探索	从2016年开始学习心理、心灵成长方面的知识，阅读了数百本相关书籍，取得国际注册心理咨询师资格、国际教练认证；跟随多位老师学习	行业竞争激烈，互联网从业者普遍焦虑	在工作和生活中加以实践，保持身心平衡	写第三本心灵成长图书，开设天赋训练营和咨询服务，提供一对一咨询超过200人次	做付费社群，近期准备做短视频	出版《生命蓝图》，开启自由职业

还记得当我写完第一本面向设计初学者的专业书后，很多人邀请我去做培训，但是我没有接受，我对做初级培训完全不感兴趣，尽管这可能很赚钱。几年后，我写了第二本跨界产品领域的专业书，这本书的销量和评分略逊于第一本，很多人表示读起来有难度，不如第一本好懂。还有人认为我没搞清楚自己的角色，定位混乱。很快，我又提出了跨界增长领域的新理念，在行业内刮起一阵"旋风"，引起了业内普遍的关注和讨论。现在我又开始写心灵成长和天赋类的图书。

很多人不理解，觉得我心不定，变来变去的，好像对个人以及出版物的定位都十分混乱。而当我回头看过往的这些"变化"时，我发现我并没变，我做的一切都围绕着"成长"两个字：

从一个刚入行的初学者，到跨界到不同学科的具有综合能力的管理者，再到关注行业发展趋势的创新引领者，现在又到了反思自我、关注内在成长的心灵写手。我就好像从一棵小树苗逐渐长成参天大树，你说这是变了吗？但是假如我没搞清楚自己的"身份"，一会想做桃树，一会想做李树，折腾来折腾去，发现几十年过去了，自己的能力和当初的"小树苗"并没有什么差别，这才叫定位混乱。

所以知道自己是谁，知道自己的目标和定位，平时不断地浇灌，培养通用能力，洞察到合适的机会加点肥料，这棵树苗就不愁长不大，不愁长不出粗壮的枝干，结出累累的硕果。

十年树木，百年树人

如果在本书的一开始，你无法画出自己的事业树，那么到了现在，你不妨再试一次，一方面可以系统地规划自己的生活，另一方面也可以检验一下阅读本书的效果。我的内容如表8-4所示。

表 8-4

预期果实 （梦想北极星）		3 年内用不同的有创意的方式唤醒百万人成长		
树枝 （职业方向/副业/机会）	状态	已在进行（天赋）	准备进行（机会）	尚未进行（前瞻）
	领域	专业积累、个人成长	时间管理、写作	科幻、电影解读、传统文化
	手段	写作、讲课、开公司、咨询/做教练	短视频营销、开办线上学校	企业咨询、创意剧作
树干 （抓手/通用能力/复业）	学习	教练、高阶写作	高阶心理	科幻、剧作……
	行动/表达	写书、咨询课程、天赋课程、咨询/做教练	准备写第五本书、做时间管理和写作方面的课程、每月一次主题课	写不同类型的新书、做商业思维方面的课程、企业咨询、成为独立 IP……
	营销	与多家平台合作、运营付费社群	短视频营销方面的合作	宣传自己的线上学校……
	抓手	有专业基础、写作基础、粉丝基础		
树根 （特质/优势）		擅长跨界、创新、写作，行动力强，关注成长		

通过这张表，我仿佛看到了一棵巨大的事业树，里面既包含我多年的积累，又有我准备勇敢探索的新方向，还有对未来的预判和规划。我似乎能感受到它的生长方向，感受到它不断生发的新枝叶和结出的新果实。

闭上眼，想象一下你的事业树，它会是什么样子呢？是茂盛的、枯萎的、被人为砍掉的、正在茁壮成长的，还是没人看管的？

无论它是什么样子，你都可以从现在开始，按照你的期望，重新构建你的事业树。种下一棵树最好的时间是 10 年前，其次是现在。

价值篇：个人成就指数级上升

一个人的成就靠的是日积月累，但是同样是活几十年，为什么有的人能够取得巨大的成就，而有的人却几十年如一日或者到一定程度就很难突破了呢？这是因为成功是有迹可循的，而只有少部分人遵循了这个规律，或者说很多人只遵循了其中一部分规律。

扫码或扫描 AR
触发图看视频

附录：
我的副业变现故事

这部分内容出自我在一些社群里做的分享或者公众号文章，记录了我在天赋变现过程中的经历和感悟，由于很多例子在前面已经出现过了，因此我一直纠结要不要删掉，后来思考再三，还是决定保留，只是不放在正文当中，而是放在供读者延伸阅读的"附录"中。因为这部分内容曾经引起了很多人的共鸣，况且即使案例一样，讲述的角度也不一样，所以你不妨把这部分内容当成一个完整的故事，用它串起前面的内容，相信会有不一样的感受。

我在正式开展副业 2 个月后离职，辞去了让很多人羡慕的高薪工作。做副业的第一个月收入几乎为 0，6 个月后已经稳定在每月 5 ~ 10 万元，而且还有继续上升的迹象。做副业的半年间，我感觉自己经历了一场巨大的蜕变。

这是我第三次创业，前两次的失败让我意识到，做知识付费不是有知识就可以，价值变现是一门学问。于是我看了一些书，也报了一些课程。在学习的过程中，我才知道为什么我以前总是做不成。

最开始我报了一个训练营，我只听课，不参加任何社群活动，结果课还没听完，社群就解散了，解散后我也没心思再听课了。就这样白花了好几百元，学习效果几乎为零。后来我又报了另一个社群课，这次我决定好好地学习，所有的社群活动我全都参加，结果这次感觉特别有收获。这个收获不是说我学到了什么，因为所有的内容在书本、网络课程里也可能学到，我最大的收获是突破了自己，变得敢于在社群里发言。

后来我又报了另一个更高端、时间更长的社群课程，这里面的实操活动更多，我也是听话照做、完全践行，结果我发现自己真的变了：从不屑于行动到勇敢实践，我的副业收入也迅速增加了。

很多人听说了我的变化也去报这个课，但是效果并不理想。我发现，在这个社群里，真正能做到变现收益上万元的始终只有大约 10% 的人。

在我自己的社群里，也是类似的比例。所以**一个人最终能不能价值变现，并不仅仅取决于老师教得怎么样，而是你有没有照着去做**。我发现凡是按照我的要求去做的学员，没有一个不发生巨大的改变的，而这和他们的背景、基础都没有太大关系。

然而根据我的观察，不管在哪里，真正能学以致用、付诸行动的人，永远都不足 10%，所以优秀的人总是少数。一旦你突破了这层障碍，把获取的信息落到行动上，你到哪里都会是那 10%。

从产生兴趣到偶尔变现

最开始我只是对副业感兴趣，但是并没有变现。直到后来勇于行动，我才有了些起色。我是如何转变的呢？我总结出了下面几点。

首先是"有意识"地学习。这对我来说并不困难，因为我是一个很好学的人，在学习上很舍得投入，只不过平时都是比较零散的学习，如偶尔看看书、听听音频。但是在明确要价值变现之后，我就开始有意识地学习，培养各项相关技能。

比如我的天赋梦想模型里有一项是咨询，之后我无意中在朋友圈看到了"教练"课程，就开始学习，到现在已经学习了半年多，要全部学完可能还要几年时间。对其他与咨询有关的课程，我也进行了学习，比如营销、LUXX 内在动机测试、潜意识沟通等。

其次是"职业性"地学习。什么叫"职业性"地学习呢？就是把学习当作"职业"来做。我们都知道上班是风雨无阻、朝九晚五的，而且有目标有任务，不能任意而为，学习也是一样。比如我学习的"教练"课程，是一套体系化的课程，里面搭配了大量练习以及督导，完成了相应的任务和考试才能获得阶段性的结业证书。这个过程很苦很累，和平时偶尔看书听音频是完全不一样的。

我有个学员，她刚开始参加我的天赋训练营的时候，副业收入只有几百元，两个月后已经涨了几十倍。我问她是怎么做到的。她说，前段时间刚好腿受伤了，请了几个月的病假。反正闲着也是闲着，她就通过面试加入了一个工作室，工作室里有很多厉害的人、服务种类也多，她就利用这段时间勤学苦练，还考了不少证书。她学得多，工作室给她分派的任务也多，每天可以接数十单，于是她的副业收入自然就高了。

可能你会感到疑惑："这不就是考证吗？你前面不是说考证没有那么重要吗？"其实这并不冲突，很多人以为要先考证才能从业，而我们都是一边从业一边开始学习，最后"顺便"拿个证而已。所以拿不拿证并不重要，重要的是拿证前的系统、有针对性的学习过程；而不是拿了一堆没有实质意义的证，最后依然无法从业。

所以我们在学习的时候一定要问自己：学习这个课程仅仅只是为了拿证，还是专注于实践？学完课程后是否可以立刻应用起来？如果不是，那我就不建议学习了。因为我确实见过不少学习经验很丰富的人，有各种证书傍身，却完全不会应用相关技能，更别提变现了。

同时，这个学员的例子也告诉我们，副业或从事自由职业并不轻松，可能比上班还累，但是我这个学员却做得非常开心。以前她是一个天赋并不出众的设计师，在公司里不受重视，待遇也不高，她也自知在这方面没有什么上升空间。但是现在，她"累并快乐着"，每天都觉得很充实、很有成就感，也决定在这条道路上坚定地走下去。

再次是"实践性"地学习。"实践性"地学习是指学以致用，开始实践甚至从业。我一开始非常不重视"实践"环节，觉得自己就是来学知识的，不想行动。但是没想到，在学习的过程中被"狠逼"了一把。

比如上"教练"初级班的时候，学完课程后，老师居然给我们安排了一个营销环节，让每个人上传自己的个人信息生成营销页面，然后每个人在群里发一条3分钟的语音进行自我介绍，让学员之间互相"下单"。当时我觉得这个活动实在是太"疯狂"了，可是不参加就完不成教练任务，拿不到证书。好吧，为了结业、为了证书，我只能"硬着头皮上"。于是我战战兢兢地做完了自我介绍，然后就开始担心：我讲得不够好怎么办？没有人给我下单怎么办？还好当时工作比较忙，我很快就把这件事给忘了。结果当天我居然接到了3个单，第二天又变成了4个、5个……最后超额完成了任务。

这次活动对我的影响实在是太大了，之前我从来不敢在群里讲话，更别提发语音了，而最后的结果极大地提升了我的自信，让我知道原来我是可以邀约到用户的。后来在真正约谈的过程中，我更是惊喜地发现，我在这方面是有天赋的，我第一次做教练就成功地解开了对方积存已久的心结，这让我喜出望外。

我充分体验到了"学习＋实践"的乐趣，从此开启了我的一对一咨询／教练服务。我特别感谢这个环节，后来也把这种实践环节引入到了自己的天赋训练营里，帮助更多人改变自己。此外，我在参加其他社群的时候，也开始有意识地关注实践，而不像以前那样只是听听课，我会按时做作业、积极参与互动，最后确实起到了事半功倍的学习效果。

最后是从学习到变现。因为同学的支持让我看到了自己在教练方面的天赋，于是我决定对外招募用户。我考虑到大家可能不懂什么叫"教练"（教练不给答案，主要是通过启发式的提问让对方自己找到答案，但是在实际约谈中可以灵活应用，和咨询结合在一起），于是采取的是一对一咨询的形式，解决用户在职业发展和人生方面的困惑。因为价格低，所以那段时间每天都有人下单咨询，这让我积累了丰富的经验，也为后面进一步变现打下了基础。

从偶尔变现到持续变现

一开始偶尔赚点钱并不难，难的是持续赚钱。在这个过程中，我遇到了几乎所有人在这条路上都会遇到的几个问题。当时我刚刚开始做知识付费，在这方面没什么经验，所以就花大价钱咨询了有多年副业经验的老师。她给了我很好的建议，帮我解了燃眉之急。可是老师毕竟不是拐杖，偶尔指点一下是可以的，在具体执行过程中应该怎么做，还得靠自己判断。我就是这样在各种困难中磕磕绊绊地成长起来的，突破了一个又一个难关。在这里，我选了几个在变现路上大家最常遇到的问题，通过我的亲身经历分享破解之法。

定位模糊怎么办

虽然定位理论我早就学过了，但等到真的做起来的时候，依然会有很多"纠结"。我是选最喜欢的心灵成长，还是大家最感兴趣的职业发展和副业变现，抑或是更容易让人记住的畅销书作家？当时真的是哪个都舍不得放。

面对这些选项，老师建议我先选择"天赋"，因为她觉得天赋人人都需要，她本人也对这个话题很感兴趣，还鼓励我开设相关的课程。在她的肯定下，我真的利用春节期间快速做出了课件。当然现在回过头来看，是否要用这个定位我还是有些怀疑，第一是因为天赋不是"刚需"；第二是因为做的人比较多，我难以第一时间吸引别人注意；第三是我在这方面没有足够的说服力。所以现在我还是会更多强调自己是 ×× 书的作者，这样一方面可以宣传新书，另一方面也容易引起他人的兴趣。

我用过来人的经验告诉大家：定位真的不是一成不变的，别人也很难给你一个特别准确的建议，最好的方式就是都试试，最后选择适合自己的。

主副业冲突怎么办

主副业冲突是一个永远都绕不开的话题，做副业多多少少会占用一些时间和精力，而且如果被公司同事知道了，还会引起不必要的麻烦，更可能影响自己的口碑。

而主副业的冲突，对我来说一直是个心结：我既希望副业能开展得更顺利，又担心副业太顺利了影响到主业；既希望赚很多钱，又害怕赚到钱。和老师沟通这个问题的时候，我的眼前突然出现了第二次创业时的画面：我当时开设了几期课程赚了几十万元，分了一半钱给了两个帮忙的同事。我老公非常吃惊，问我是不是分得太多了，我说没关系啊，没有她们的鼓励我也不敢开课。我好像有意无意地在避免自己通过副业盈利，我害怕副业给我带来麻烦，怕公司有意见，怕同事有想法，怕同行恶意中伤……

后来我没再开设任何课程，就想踏踏实实地在公司里做事。当我决定开启咨询这个新方向的时候，也只是收 10 元钱而已，并且最后都捐出去了，其实我的理想价格是 1 000 元。想到这里其实还挺难受的，我一方面特别羡慕月入百万元的自由职业者，另一方面又害怕赚钱，主要是害怕再遭受他人的挤兑和讽刺，以及各种谣言。虽然我不是"玻璃心"，但也害怕无端受伤。

老师问我："你认为收钱多等于名声不好是吗？"我说应该是吧。虽然我知道这并不是真相，但之前的经历确实让我对赚钱心有余悸。很感谢老师帮我挖出了这个很关键的卡点，让我看到了自己内心真实的想法。我害怕赚钱，害怕副业做起来，源于对地位（主业）的保护和对名誉的爱惜。

如果你也遇到了和我类似的问题，那么你可以静下心来想想，主业和副业冲突的背后，你最怕的是什么。那个东西就是你的软肋。比如我因为之前的一些遭遇，变得害怕赚钱，因为我坚信赚钱会影响我的主业，反而会让我蒙受不必要的损失。

后来我就开始有意识地扭转这个观念，我问自己：要想让赚钱不影响我的主业，我可以做什么？还有什么可能性呢？结合老师的建议和我自己的思考，我想出了这几种解决办法。

首先，可以考虑我的副业是否能应用在主业上。比如写书可以请公司领导推荐；课程可以先内部分享给公司里的同事；一对一咨询也可以先免费服务同事，如有的公司会有内部热线电话，免费帮大家解决一些职场困惑。

这么一想，我做副业的顾虑就小了很多，并且我开始朝着积极的方向思考：副业肯定有办法和主业结合到一起，将来我能通过副业为公司创造更大的价值。

其次，勇敢接受副业方面的挑战，不要因为害怕时间和精力不够就拒绝把副业做得更好的机会。比如我的这位副业老师说她当时做副业的时候，从来不拒绝任何机会，即便是她当时没有能力接受的，也都统统接下来，然后再想办法解决，比如找助理、建团队等，反正总是有办法解决的。

最后，在现有圈子之外寻找增量空间。老师建议我既要利用好现有的资源，维护好存量；又要积极拓宽新的渠道，做好增量。既然我不愿意面向圈内人收费，怕引起同行非议，那就利用存量做免费的案例，再通过优质案例吸引圈外人付费。也就是说，不要依赖存量用户，要勇敢地走出去，获取新的用户群体。

不过，获取新的用户群体是需要时间的，而我现在的用户群体已经足以支撑我的副业起步了。所以后来我选择了辞职，彻底解决了主业与副业之间的冲突。

一次次陷入瓶颈怎么办

我在今年刚开始做副业的时候，微信好友只有几百人，这里面还有一大部分是以前做对外分享的时候添加的，而我的副业老师加上她的助理有十几个微信号，因为每个微信号的好友上限是 5 000 人。

所以你明白了吗？副业做得好坏，你的能力、你的产品和服务，只占一部分影响因素，流量才是重中之重，毕竟巧妇也难为无米之炊。

以前我做副业还可以靠公众号宣传，可是最近随着短视频的兴起，公众号的红利逐渐消失。以前我一篇文章的阅读量在一两千左右，到 2020 年年初我的粉丝量翻了 5 倍，阅读量却和之前差不多。如果写的是咨询方面的文章，阅读量就更低。这一方面说明转型所要承担的风险是很大的，另一方面说明现在用户的聚焦点已经不在公众号上了。

除了流量问题，我还遇到过很多其他的问题。比如产品海报发出后无人问津，咨询的多付费的少，大家都持观望态度。我不知道是不是因为我涨价涨得太快了，但是这个时候降回去又觉得不合适。另外营销也是我的弱项，以前好歹也是个互联网公司总监，忙得没时间看朋友圈，更没时间发朋友圈，现在却不得不好好利用朋友圈，每次宣传都感觉非常不好意思……

我逐渐陷入了深度的自我怀疑，我开始问自己：我是不是这次又要失败了？是不是没有转圜余地了？我是不是能力不行？是不是定位有问题？是不是产品有问题？是不是不应该定这么高的价格？要不要马上降价？

我感觉我的脑袋每天都在嗡嗡作响，思绪像一团乱麻。虽然我在前面的内容中，很理性地告诉大家要稳扎稳打，遇到问题时如何逐个排除，如何解决，但是在自己经历这些问题的时候，整个人都是乱的，完全没有任何头绪。

这就是为什么很多成功人士讲自己的经历时娓娓道来，并号称你也可以"复制"，但是等到你真正践行的时候发现根本无处"粘贴"。他们不会告诉你他们当时经历了什么，崩溃了多少次，他们只会在事后从容地告诉你怎么做是正确的。可是你在经历相同的困境时，很可能发现那些道理和方法并不适用，因为每个人的情况都是不同的，混乱的情绪也会导致你无法冷静下来做决策。

所以说到底，无论做什么，最后拼的根本不是技巧和方法，而是心态。不要再天真地以为看几本书，了解了成功者的经历就可以做得和他们一样了。只有真正践行，受过一番磨砺，并勇敢地冲破阻碍，才能破茧成蝶，这种经历谁也无法教给你，只有你自己去亲自体验。

经过了深度的反思，我终于发现了自己的问题所在——"自闭环"。我一直在各种场合强调"以终为始"的闭环高效思路，却始终一个人处在闭环里。金钱是人与人之间的价值流动，它怎么可能通过一潭死水来到你的身边呢？

我是怎样陷入"自闭环"的呢？比如写文章，我就只写自己喜欢的文章，不关心热点，不关心别人想看什么；做产品也是，只做自己喜欢的产品，而不关心用户的需求；定价更是拍脑子决定，想定多少就定多少；至于营销，也是毫无热情。

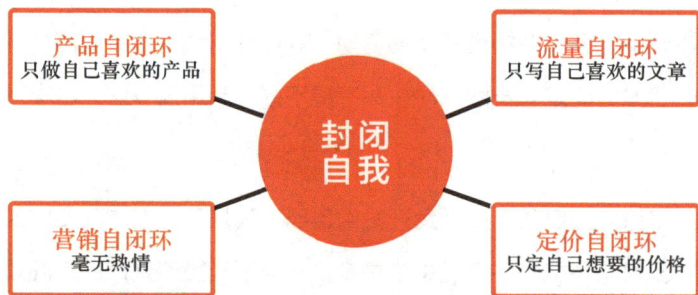

我确实通过"自闭环"做到了高效产出，但是这些东西有多少能被别人吸收呢？很少！所以这样其实并不高效，只有连接他人，让价值流动，才是真正的高效。

于是我尝试敞开自己，不再固执己见，积极融入他人的世界。当然这不是说不再坚持自我，而是既做自己喜欢的事情，也热情地为他人创造价值，而不是固步自封。

我是怎么做的呢？

首先我翻开关注过的公众号，尤其是那些粉丝量多的公众号，看看他们都发什么文章，怎么设置标题。很快我就找到了规律，发现他们都在讨论社会热点，或者大部分人关注的情感、子女教育、职业发展等问题。于是我一反常态，写了一篇名为《35 岁的互联网人还有什么可能》的文章，结果阅读量是我之前的文章的 10 倍，还吸引了不少人报名参加天赋训练营。很多人都说被这篇文章深深地吸引了，觉得特别有共鸣。就这样，我与陌生人产生了连接。

其次，我开始考虑合作。我根据学员的需求，临时决定开设咨询课，可是我当时并没有十足的把握把咨询课开起来。刚好那段时间我有个做咨询师的朋友也想找人开设这方面的课，我们一拍即合，决定合作。

这样，我与合作伙伴产生了连接。

再次，根据用户心理考虑定价和服务。做第一期天赋课的时候，因为不知道这个课的效果怎么样，所以我只收了 99 元，然后倾尽全力地为大家服务。群成员提出的每一个问题我都尽量回答，恨不得 24 小时都"泡"在群里和大家互动，结果那一期效果特别好，而且有 1/3 的人购买了价格较高的咨询服务。

可能是第一期天赋课的效果太好了，导致我有点"飘"了。第二期我涨价到了 999元，几乎是原来的 10 倍。但是由于第一期的效果很好，所以即使涨价了也吸引了很多人来报名，人数比第一期多了近 1 倍，这个变化"蒙蔽"了我的双眼，让我误以为这次也会有很多人购买咨询服务。结果课程快结束时，只有很少的人购买了咨询服务。那个时候我还是没有看清现状，以为是因为大家上班太忙了没时间上课。到了第三期，招生就比较艰难了。

后来我仔细回想，发现自己从第二期开始就没有第一期那么上心了，我把心思都放在研发新内容上了，虽说还是在尽力服务大家，但是多少有点心不在焉，跟第一期的状态确实是没得比。

但是我这个人做事情一向没什么长性、喜新厌旧，所以想改变也很难。这种情况下其实可以采取一些其他措施，比如找人合作，我负责研发新内容，对方负责运营，或者降价等。

可是当时我就是不愿意降价，我的副业老师也说我价格定得太高了，她做了好几年才慢慢涨到这个价格。我心里想："我讲得也不差，为什么不能定这个价格呢？"我完全没有意识到"积累"和"信任"对于副业的重要意义。

就好像我第一次用打车软件的时候，我感觉太惊喜了，居然可以这么方便地叫到车，再也不用站在路边一直等了。这么好的产品，当时也是用了各种手段补贴用户来扩大市场份额，完全没有因为这个点子好就骄傲地涨价。但等到产品近乎垄断的时候，用户不仅无法再享受补贴，还要忍受平台抽成和涨价。很多用户为此怨声载道，却无可奈何，因为已经找不到竞品了。

所以，从某种程度上来说，商业要洞察的是人心，而不仅仅是提升产品品质。可我固执地认为，课程的价格就是要和课程质量相匹配。那段时间我非常焦虑，整个人都很崩溃，每天都在纠结到底要不要降价。不降价，担心招不到用户；降价，又心有不甘。就这样反复内耗，也没能解决任何问题。

终于有一天我决定不纠结了，要不然就赶紧降价，要不然就提升服务品质。我决定先提升服务品质，尽我所能地服务好用户，先不想降价这个事情了。当我不再"内耗"，而是把精力用在更重要的事情上，情况就有了好转，后来报名的人反而变多了。

最后，我开始关注营销。以前我对于营销很不重视，认为一切都要靠实力说话、靠口碑传播，我甚至在心里有点看不上营销，觉得"强扭的瓜不甜"。然而事实上，营销并不等同于"强买强卖"，而是与他人建立信任、传递价值的过程。

曾经有一段时间，我感觉快撑不下去了，因为课程一直没有人报名。我突然想起之前有不少人咨询过但是没报名，我本想找到他们但是无奈已经过去好多天了，只好联系了当天咨询过我的两个人。虽然我当时很不好意思，但是为了走出当前的窘境，只好去询问他们没有报名的原因。两个人都给我回复了，一个人觉得课程内容不吸引他，不知道能给他带来什么价值；一个人觉得自己不太需要。虽然这些答复挺打击我的，但我还是非常感谢他们如此真诚地提出了建议。而这又拉近了我们彼此的距离，两个人又跟我聊了一些他们对于课程的看法和建议，而且最后他们居然都报名了。

所以，成交这个事情有的时候真的不仅是靠品质、靠道理，还依赖于对方对你的"好感"。在强调产品、服务质量的同时，更要积极地培养用户对你的好感。

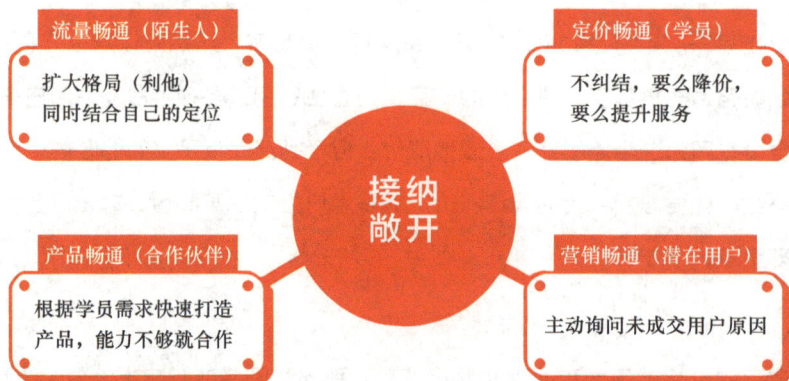

流量畅通（陌生人）
扩大格局（利他）同时结合自己的定位

定价畅通（学员）
不纠结，要么降价，要么提升服务

接纳敞开

产品畅通（合作伙伴）
根据学员需求快速打造产品，能力不够就合作

营销畅通（潜在用户）
主动询问未成交用户原因

经过了前面这些改变，我当月的收入比上月增长了 6 倍。这个经历告诉了我以下几件事。

首先，道理是一回事，实践是另外一回事。不亲自实践，很多事情你永远想象不到。这些事情你无法从教科书上学到，也不会从别人口中获知，即使你从别处知道了，也很难真正体会。不经过实践，就永远无法得到宝贵的经验。

其次，听别人讲不如照着做。我之前参加过一些副业方面的训练营，老师讲过可以私聊咨询过但没下单的人，我听了之后并没有照着做，直到没有人报名的时候才想起来，照做后发现确实很有效。我们平时学习往往只注意听，但是只有学以致用，才能把别人的东西变成自己的，否则那永远都是别人的东西，不会对自己产生实质的影响。

再次，打破"自闭环"的魔咒。我们每个人就像一个小池塘，如果不能和其他的池塘循环互通，这个小池塘的水很快就会干涸或者发臭。你融入的环境越大，创造的价值就越大。以前我喜欢关起门来做自己的事情，现在我则会注意和周围的环境交换价值，这样才能放大自我的价值。

从持续变现到持续突破

虽然后来我每个月都能赚些钱，但是很快我又遇到了新的问题，那就是如何做到持续突破，让收入节节高。

刚好那个时候我所在的副业社群里有不少群友在变现方面很厉害，这给了我近距离学习的机会。

普通人教我的变现大道理

说到这里，其实有个很有意思的小插曲。当时我参与的副业社群里有个每日问答的环节，其中有一天的题目是回顾你近几年做得最有价值的事情。我当时就回答觉得最有价值的事情是写过几本书。结果不少人都说好厉害，说得我很不好意思。之后有个群友在群里说：

"我不是什么厉害的人，我的标签就是'普通'，我出身农村，背景普通，学历不高，也没工作，一直在家带孩子，但是我现在一样取得了让很多人都羡慕的成果。"结果群里也有人给她点赞。

当时我十分生气，说实话我之前一直对对方印象不错，没想到她会突然说这些话。我立刻删掉了这个人的微信。

结果过了些天，群里统计大家当月的变现成果，她竟然赚了 14 万元，我感到十分震惊。我陷入了深深的反思：一个让我心怀芥蒂的人取得了令我羡慕的成果，说明她必有过人之处，我应该虚心向她请教。于是我抛下面子、放下成见，再次添加她的微信约她咨询，后来果然受益良多。

这件事对我的影响很深，它告诉我：任何一个人身上，都可能有值得我们学习的地方。放下成见，卸掉不必要的"防卫"和"自尊"，我们才能真正变得强大。

那么，这个"普通"得不能再普通的群友，到底告诉了我什么呢？这里我总结了几个让我印象最深刻，并且令我原先的信念、价值观土崩瓦解却又发人深省的朴素道理。

第一个让我印象深刻的点是不要听别人说了什么，而要看别人是怎么做的；看明白的人轻松赚大钱，看不明白的人一直在学习。

比如同样上副业课，她很少听课，更不用说像其他同学那样认真做笔记了，而是认真地观察老师做了什么，开了什么课程，如何构建商业模式，然后她照着去做。

当时我就感到十分震惊，我不由自主地苦笑了一下，心想："我不一直就是那个'好学生'吗？"我喜欢看书、听课学习。一遇到我不熟悉的领域，我首先想的就是找些什么资料或者课程，老师讲的课我也很少漏掉，尽量认真地听完。我从来没想过这个世界上有一种人，跟我是完全相反的，他们遇到问题首先想的是看看厉害的人是怎么做的，然后一步步照着做，很快就收获了良好的结果。

当然这不是说他们不思考，他们有很多的思考，但这些思考都是围绕目标进行的。比如周围的人需要什么？应该做什么产品来满足？为了满足需求应该学什么？怎样针对需求把课程或服务卖出去？有没有类似的成功案例可以直接借鉴？只要有现成的、可利用的，绝对不多浪费一分钟去重复"造轮子"。

相反，我们的社群里有的人做了 5 个产品，却 1 个都没卖出去。因为他想的是自己想做什么产品，而不是别人需要什么产品。而这个群友很实在地跟我说："别人需要什么，我就学什么。"

她把所有的时间、精力、思考都用在"刀刃"上，没有一丝一毫的浪费，这真是另一种生活的艺术。

第二个让我印象深刻的点是关于商业模式的构建。

我说去年我开设了一个专业课程赚了一些钱，但是毕竟自己的流量有限，课程上完就没办法持续赚钱。现在做的天赋课程也是，目前来看情况还不错，但我很害怕重蹈覆辙，粉丝就这么多，卖完了怎么办？

她说你不可能只做一个产品呀，你需要低价产品帮你引流，然后再转化部分用户购买高价产品，这样你才能持续赚钱。同类产品一定要分低、中、高几个档位，只有一个产品很快就会做"死"，神仙也无能为力啊。

听完后我突然想起了小米当初的商业模式。小米先通过低价手机吸引用户，那个时候好多人都在用小米手机，其实小米手机是亏钱的。但是积累了大量"米粉"后，就可以转化这些粉丝购买高利润的各种产品。淘宝也是，店家通过低价的"爆款"吸引大量用户购买，然后再交叉推荐高利润的产品……这类案例实在是太多了，这不就是互联网最常见的营销方法吗？

道理我都明白，怎么到了自己身上就完全想不起来了呢？我觉得一方面是我不能活学活用，另一方面就是懒，觉得能做出一个课程已经非常了不起了，怎么可能同时做多个课程呢？其实这就是我自己给自己设置的限制，这个限制也导致了我的收入无法继续向上突破。

这就引出了**第三个让我印象深刻的点**，即兴趣和"职业"是有区别的。

我后来慢慢发现，月收入在 10 万元以上的人，没有哪个是不辛苦的。比如那些职业的带货主播，从早上到夜里不停地直播；那些职业的课程老师，从早到晚不停地写课程、录视频；那些职业的运动员，从早到晚不停地艰苦训练……韩寒有一篇文章，名为《我也曾对那种力量一无所知》，里面把业余和职业的区别剖析得淋漓尽致。而我还停留在认为自己做了个新课程就很了不起的状态里，完全没想到后面面对的是更艰巨的挑战。自由职业的"自由"背后是极度的自律。

第四个让我印象深刻的点是做任何事情都要有目的和意义，并且要有利于下一步计划的实施。

比如她问我：为什么要开设天赋课？这个课程短期内能产生什么样的结果？结果能量化吗？她又问我：你为什么要开设训练营？训练营需要投入非常多的精力和时间成本，你还怎么赚更多的钱？

我被问得哑口无言，这么重要的问题我好像从来都没认真思考过。开设天赋课只是因为自己喜欢，开设训练营是看到其他老师都是这么做的。

她说你现在这么做是没问题，那以后呢？如果你想有更好的发展，难道要一直做训练营吗？你做任何事情，都应该有一个清晰的思路：目前这样做，以后如何运作，下一步棋应该怎么走。

比如你做一对一咨询服务，是为了积累经验、探索规律，然后你才能做出课程；有了课程以后你开始做训练营，是为了进一步收集学员的反馈，持续打磨课程；那打磨课程又是为了什么？当然是为了批量出售啊，这样你才能赚钱呀！

我感觉豁然开朗："对啊，这不就是互联网产品的典型运作路线吗？先服务小部分人，持续打磨完善后再规模投放，这样边际成本越来越小，最后趋近于零，才能获取大量收益。"

做互联网产品做了这么多年，怎么到实际应用时还不如在这方面没经验的人呢？我一边感叹自己愚笨死板，一边佩服她的机智灵活。同时我也明白了要有意识地形成自己的商业链条，每走一步都考虑这么做是为什么，如何布更大的局。

第五个让我印象深刻的点是人外有人，天外有天。要持续学习，跟上时代的发展。

我问她批量售课不一定赚钱吧？我之前做专业课训练营收费几千元，和平台合作发布音频课后只能卖几十元，而且还有折扣，卖得再多也赚不了多少啊。

她说那可不一定，如果你能提供足够的价值，客单价就可以很高。我知道一个特别年轻的小伙子，刚做了两年就收入上千万元了。他有一款高端录播课售价近万元，卖了 1 000 份左右。之前他也是个朝九晚五的上班族，过得很焦虑，但是用了两年时间就"逆袭"了。他的课程含金量很高。我现在给你讲的很多思路就是出自他的课程。

这一刻，我再度"崩塌"了！天啊，我辛辛苦苦地在互联网公司工作，一直努力往管理层走，一直努力做自我提升，最后却远远落在了年轻人的后面。

也就是说，你的视野在哪里，你就会活成什么样的人。我以前一直认为互联网行业是最有前景的行业之一，然后就一头扎进去，却忘了时不时地跳出来看看外面的环境。毕竟时代一直在变，不够警惕的人就会逐渐被时代抛弃。

第六个让我印象深刻的点是学会借力省力。

我说最近很多人建议我入驻短视频平台，我要不要做？我感觉自己的精力已经不够用了。她说你擅长的是写作，知乎应该更适合你。选择平台不要跟风，要看自己适合什么。

另外，她说最好的推广方式不是拉新，而是留住老用户，把老用户服务好了，他们自然会给你推荐新用户。听到这里我心里不禁哎呀一声，作为一个资深互联网人，这个理念真的是熟悉得不能再熟悉了。我以前讲课还老提起呢，等到自己做的时候怎么全忘了呢。

我说最近产品太少了，需要紧急做新产品，但是拉新、涨粉也不能一点不做吧，应该怎么平衡才好？她说可以用低价小产品引流、拉新。

我又说自己精力有限，同时做多款产品太难了。她说你可以做同一个主题下的不同层次，比如都是讲天赋，有基础的、进阶的、高级的，在难度上做出差异，那样不就行了吗？

我感觉我的思路一下子清晰了很多。

第七个让我印象深刻的点是学会洞察人心。

我一直觉得自己还挺懂用户的，但是和她比起来，简直是"小巫见大巫"。

她说有一次她参加群里的营销活动，轻轻松松拿了销售冠军，问我为什么。我说是因为她的标题吸引人，她说不是。我又说那是因为她的产品口碑好，或者能解决用户痛点。她又摇头表示否定。

我实在猜不出来了，便等着她揭晓答案。她说因为她会带动氛围。我懵了，表示没听懂。

她说轮到她展示产品的时候，她开启了倒计时，前 3 个购买的人能享受超低价优惠，一旦有人成交了她就开始在群里发红包，最后她的信息完全刷屏了。其他人被这种火热的氛围带动，也会不由自主地想要掏钱，于是她就成了销售冠军。

我突然想起罗振宇的一个经典案例。他在自己的平台上出售限量版珍藏书时，瞬间被抢购一空，但是相同的书在淘宝上低价售卖，却怎么都卖不出去，因为没有当时那种火爆的氛围了。

当时看完觉得真是妙啊，但是我并没有做进一步的研究。现在回想起来，感觉真是惭愧。道理其实都懂，实际操作起来却完全不知道应该怎么用。我自己是做产品设计出身的，因此想得更多的是产品的体验、功能、价值、文案等，很少会想到人心。和这些营销高手相比，我确实想得太单一了。如果不去真正地实践，学再多的道理也跳不出自己的思维局限。

她还给我介绍了其他的一些引流方法，总体来说都是借助群体的影响力，造势销售。

其实她还有很多东西想教给我，但是我已经感觉头昏脑涨吸收不了了。类似这样的经验，真的几天几夜都说不完，这些都是在丰富的实战过程中总结出来的。教科书里的知识很经典、很基础，但是实战千变万化，我们会遇到很多意想不到的困难。我一面经历着内心的数次"崩塌"，一面又感觉自己好像从温室里一下子来到了野外，面对有挑战的环境，像以前那样可是行不通的。但是我无比兴奋，因为我可以在挑战中不断成长。

拆解公式诊断变现情况

从这位群友这里，我学到了很多宝贵的经验，但是后面具体要怎么落实呢？我想到了之前在互联网公司做增长的时候学到的目标拆解方法，也就是通过定目标、拆解目标，围绕目标制定后续的行动策略。

假设我的目标是赚更多的钱，那我就需要考虑钱是怎么来的，通过拆解可以得到这样的公式：收入 = 客单价 × 消费频次 × 客流量 × 变现渠道。

举个例子，假如我是卖水果的，平均每个顾客在我这里买 10 元钱的苹果，一个月会来 3 次，每个月大概有 100 名客人购买。此外我还卖桃子和香蕉，假设和卖苹果的情况相同。

那么我的月收入就是客单价（10 元）× 消费频次（3 次 / 月）× 客流量（100 名 / 月）× 变现渠道（3 个）=9 000 元。

当然实际情况比这个要复杂得多，比如每个渠道的情况不同，而且还要算上成本，但是总体来说，我的收入和客单价、消费频次、客流量、变现渠道息息相关。

这样，我们就可以自测一下，看看目前在哪个环节还有提高的空间。

提高客单价。短时间内提高客单价有两种办法，一种是直接涨价，另一种是增加客单价高的产品。比如我先做了低价咨询，后来做了价格为几百元的天赋课，再后来又做了价格为几千元的咨询课。如果想要设定更高的客单价，可以推出高端会员服务，或者包年一对一咨询等。

增加消费频次。如何让一位用户在你这里多次消费呢？有两种办法，一种是推出更多产品，另一种是让用户重复消费。推出更多产品相对容易一些，而重复消费和产品品类有很大关系。比如你是卖牙膏的，那么用户重复消费的可能性就很高；但如果你是卖课程的，用户学过一次一般来说就不会再重复购买了，只能推荐他购买其他相关课程。

增加客流量。想要让更多的人购买你的产品或者服务，一方面可以通过宣传提高产品曝光量，另一方面可以通过老用户推荐。为了刺激老用户推荐，可以给予返现奖励，也就是使用大家常说的"裂变"方法。

增加变现渠道。如果我们只有一份固定工作，那么变现渠道就只有一个。想增加变现渠道可以参考我在"定位篇"讲过的变现组合公式，构建自己的"产品组合"，让自己拥有更多的可能性。

除了产品组合方面，还需要扩展更多的合作方，增加自己的曝光流量和变现渠道。比如我现在每个月差不多有一半收入来自与平台的合作。

通过诊断，我发现自己当时有三大问题：首先是产品太少，留不住用户；其次是没有做好持续的宣传和引流；再次是缺乏合作和平台支持。

搭建自己的商业框架

结合那位群友的建议以及我自己的诊断，我列出了附表–1。

附表–1

	客单价	变现渠道	消费频次	客流量
举措	从 2 位数到 4 位数，低价引流高价转化	与多家平台合作，"一鱼多吃"	侧重内部营销	分享 + 裂变
明细	<ul><li>99 元读书打卡</li><li>咨询 499 元</li><li>天赋课 999 元</li><li>咨询课 1999 元</li><li>…………</li></ul>	<ul><li>同样的内容，用不同的形式（文字、直播、图书等）和多家平台合作</li><li>图书、课程、咨询、知识星球</li></ul>	<ul><li>以知识星球为阵地转化</li><li>社群内成交</li><li>需求定制化</li></ul>	<ul><li>公众号、知乎涨粉</li><li>朋友圈分享学员反馈</li><li>分享裂变</li><li>推荐优秀学员</li></ul>

首先，我开始打造自己的产品矩阵，增加产品品类，并且使价格梯度化递增，用低价产品引流并转化，用高价产品赚钱。

其次，充分利用平台的优势。我从 2021 年年底开始做视频号，通过公众号和朋友圈引流涨粉，在视频号小商店上架自己的付费商品，因为价格便宜吸引了不少粉丝购买，然后再把社群成员引流到其他课程。社群学员的分享和反馈给我带来了很多的灵感，帮助我产出更多的内容，而更多的内容可以吸引更多学员加入付费，形成了良性循环。我还和多家平台合作，实现"一鱼多吃"，这个前面已经讲过，这里就不赘述了。

为了持续引流，建立个人品牌，除了与平台合作外，我选择把更多精力放在写书上，因为我不是很喜欢营销自己。写书虽然门槛高，收益少，发酵慢，但是很多人都做不了，而我可以相对轻松地完成，因此这是我的优势，只不过需要做好长期投入的准备。

可见，选择什么样的平台或者营销方式，并没有一定之规，重要的是找到最适合自己的平台和方式。

再次，通过内部营销提升消费频次。以前我主要通过公众号宣传课程，但是效果不是很好。一方面是因为公众号红利期已过，其打开率很低；另外一方面是因为公众号的粉丝数量虽然多，但用户并不精准。后来我就在自己的课程社群里宣传新课程，并且群成员成功报名有特殊福利，效果就好多了。比如我的咨询课从来没有对外宣传过，仅面向天赋课的学员招生，但是报名情况还不错。这让我发现了"社群成交"这把杀手锏。

以往的社群成交是先吸引大家免费参加，然后讲些"干货"或者答疑，最后促进转化，但是这种模式营销意味太重，我并不是很喜欢，所以虽然有规划但是一直没执行过。

可是这个想法还是悄然潜入了我的脑海中。做第一期天赋课时，我在社群里积极地和大家互动，就在大家热情最高涨的时候，我趁势提出了开设咨询课的想法，价格暂定为1 999元，问大家想不想学。那个时候我只是有这么个想法，没有海报、没有课程大纲，什么都没有。结果大家纷纷响应，瞬间就把10个优惠名额给抢光了，后来又有几个同学陆陆续续报名。当时那期只有40个学员，学费仅99元，但是有14个学员报名了客单价为1 999元的课程，这个转化率相当惊人。

我充分意识到了"购物靠氛围"的道理，如果大家热情高涨，而且争抢着去报名，自然就会带动其他人报名。现在的直播带货、社交电商等都在广泛应用这个方法。有一些线上培训机构也会不定期请我做直播分享，分享结束后他们再推销课程，效果也不错。这里面还涉及很多营销手段，比如现在比较火的方式是先交几元至几十元不等的订金，然后根据报名人数给予优惠，报名人数越多优惠力度越大。这样就会激起用户的购买欲，觉得反正订金也不多，不如试试，看看最后能优惠多少。因为营销手段一直在变化，一直在推陈出新，所以我在这里无法一一罗列，大家多参与活动，多关注别人是怎么做的再复用就行，当然你也可以创造新的营销手段。

可是因为我自己不太喜欢"套路"，并且因为深谙其中的原理，有点不愿意使用，所以很少这么做。如果你感兴趣还是可以一试，毕竟自己高兴，用户也高兴，何乐而不为呢。

营销不仅仅是宣传，也要注意服务好内部用户。内部用户满意了，自然愿意帮你宣传，也愿意重复购买。这里面有几点需要注意：首先是服务好内部用户；其次是关注用户需求，趁势推出新产品或者新服务；最后是有意识地建设团队。因为一个人的力量毕竟是有限的，提供这么多服务，靠一个人真的很难。可以多招募志愿者或者助理，然后慢慢将其发展成团队的核心骨干。

最后，通过分享裂变提升客流量。如果想让内部用户给你推荐更多的用户，除了使用刚才说的服务好内部用户的"内功"外，还需要"外功"助力推动。这个"外功"就是大家常说的分享裂变。

一开始我没有做分享裂变，宣传效果并不是很好。后来我决定，只要用户推荐朋友来报名，就可以得到 30% 的返现奖励。当时真的有不少人帮我发朋友圈宣传，吸引了不少用户来报名。

我发现一个规律，很多人是因为在朋友圈里看到了朋友报名才来的，但是问他们报名的原因，他们却说是冲着我来的，这就说明，从不同的渠道看到广告更有助于促使用户下单。所以"王婆卖瓜自卖自夸"没有那么好用，还是需要集合大家的力量宣传才能收到更好的效果。

除了分享裂变外，平时也要有意识地想办法涨粉，比如坚持写公众号文章、坚持拍短视频、坚持在知乎上问答等。朋友圈也是一个展示自己的好渠道，可以时不时分享一下用户的好评吸引更多人关注。

后来我还做了一期活动，找出往期的优秀学员做了个"牛人榜"，在我的公众号和朋友圈里展示这个榜单，一方面给他们引流，一方面吸引更多学员加入，互惠互利。

把上述这些都组合起来，我的商业框架就逐渐清晰了：我创建了"天赋孵化器"的概念，通过优质课程和社群服务吸引用户，合力输出更多价值，持续提高社群的影响力，进而增加流量。流量多了又可以挖掘出更多优秀的学员，并且我多年整合的资源可以赋能学员，和我一同共创这样一个正向的、闭环的生态体系。

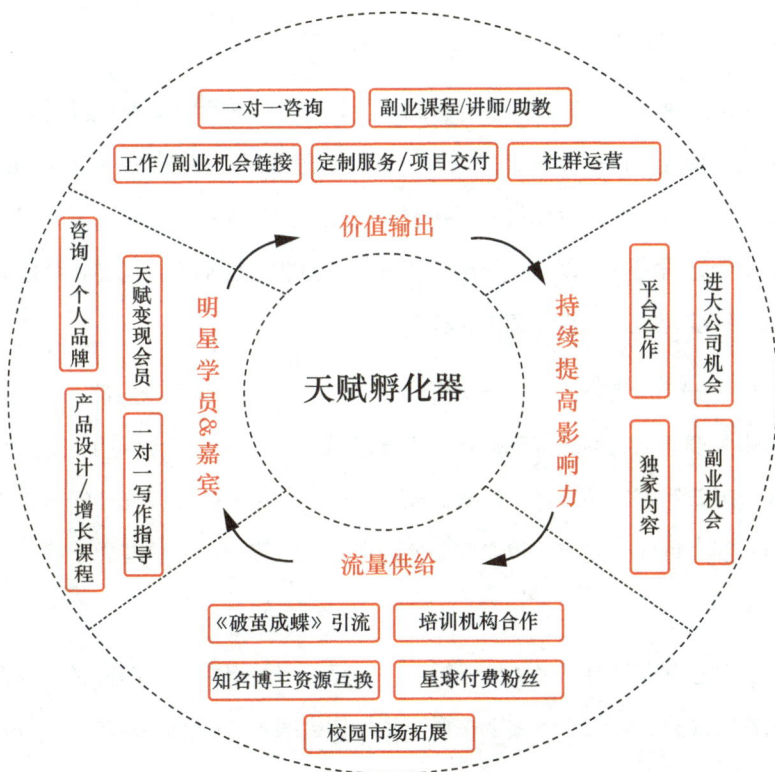

当然了，想点子容易，做起来难，需要有强大的执行力并结合团队或者合作伙伴的力量，还要有合适的机会才能实现目标。所以这对我来说，是一个需要长期奋斗的事情。

你也可以按照我前面说的公式拆解，搭建自己的商业框架。

过关斩将一路腾飞

经过短短的几个月，我感觉自己的变化实在是太大了。这段经历对我来说真的是一场修行和考验，整个过程就像"升级打怪"一样，通过不断地通关，获得成长以及更多的金币奖励。

我不再像过去那样脆弱、封闭，看待事物的角度也比以前更加开阔。写上一本书《生命蓝图》的时候，我的很多想法还只停留在意识层面，知道的未必做得到。而现在，当我真正把天赋梦想付诸实践后，我才感受到这有多么的不一样。

以前我学习只看书本，很少内化到行动上。现在我一方面注重学以致用，另一方面注重灵活，不钻牛角尖。以前我行动力很差，现在有想法就立刻去做，而且不再碍于面子，也不害怕失败。每一次失败对我来说都是宝贵的经验。当你不在乎别人怎么想时，你的行动力和效率就会翻倍提升。以前我很排斥营销，营销能力也不行，现在我会把营销等同于"极致利他"，持续为他人创造价值并分享价值。

"极致利他"这几个字相信大家一定经常听到，一开始我很不以为然，实践过后才明白这4个字有多重要。它和你的成就以及财富息息相关，是每个人需要用一生时间慢慢体会的。以前我总想着我要怎么赚钱，我要去表达什么。但是现在我首先想的是我能为他人创造什么价值，别人有什么痛点，我如何和他人更好地合作……把这些想通了，各种机会自然就来了。

可以说，利他思维融合在了"打怪升级"的每一个关卡中。当你有了利他思维，你就不那么容易在意成败；你也不会那么在意面子；你会很乐于向他人请教，学习你不具备的东西……一切的一切，核心都是"利他"。

很多人感到空虚、没有成就感、对未来感到迷茫、没有动力等，都是因为没有认识到"利他"的好处。精力都聚焦在自身，当然越来越打不开通往外面世界的大门。当然，我不是说不应该关注自己，关注自己是非常重要的，但是你要关注自己的优点和天赋。很多人恰恰相反，只关注自己不好的那一面，看自己哪里都是问题，越关注越紧缩，越不敢跟这个世界沟通，然后活得越来越憋屈。你都觉得自己如此无能了，哪还有什么精力去"利他"呢？

非常感谢天赋变现的经历，让我能够直面自己曾经的脆弱，并且勇敢突破自我展开新的人生历程，也学会了该如何与这个世界相处，如何利用自己的优势连接他人。也希望你在合上这本书之后，能够照我说的去试一试，体验一把天赋变现的感觉，相信你一定可以体会到不一样的人生。

附录：我的副业变现故事

这部分内容出自我在一些社群里做的分享或者公众号文章，记录了我在天赋变现过程中的经历和感悟。由于很多例子在前面已经出现过了，因此我一直纠结要不要删掉，后来思考再三，还是决定保留，只是不放在正文当中，而是放在供读者延伸阅读的"附录"中。因为这部分内容曾经引起了很多人的共鸣，况且即使案例一样，讲述的角度也不一样，所以你不妨把这部分内容当成一个完整的故事，用它串起前面的内容，相信会有不一样的感受。

后记：
一念之转，未来可期

从写完这本书的最后一个字到现在，又过去了几个月，你可能会好奇：我现在怎么样了？

说实话，这几个月我的状态又发生了很大的转变。一开始从事自由职业，是因为觉得自由、好玩、有挑战，但是当一切步入正轨之后我才发现，从事自由职业其实和上班也没有什么区别。我和几家知名机构达成了长期合作，有了比较稳固的收入；我的课程也还在继续，但是却越来越没有当初的动力。在很多人眼里，我已经算是做得不错的了，至少如果一直这样下去，我可以保证不上班也能养活自己，而且收入和上班的时候差不多。可这种日复一日不断重复的生活是我想要的吗？我渐渐明白，我想要的其实不是从事自由职业，而是去挑战和经历不同的生活。

这个结果恐怕连我自己都没有想到。风风火火地经历了一番，却发现当下还未到达目的地。但这趟旅程依然是有意义的，到今天我还经常收到学员或读者的私信，向我反馈他们现在的成果。就在刚刚，还有一个网友私信我："老师我来反馈了！我也是一个互联网人，从刚毕业就关注您了。您的书给了我很大的鼓舞！给了我说做就做的自信和勇气！我终于迈出了这一步，在工作之余准备了自己的网课。目前开放招生半个月了，已经赚到了5万以上的收入，算是副业的第一桶金了。虽然要第一次给别人上课有点紧张，但是我相信自己一定可以做到！感谢老师……"

虽然我已经决定转弯，但是看到还有很多年轻人前仆后继地体会着这种勇敢探索自己的乐趣时，还是会感到欣慰。

不过万事开头难，坚持下来更难。赚第一桶金很多人都可以做到，难的是持续创造收入。可能你会好奇，这几个月我是怎么过来的呢？我是如何在这么短的时间就做到稳定变现了呢？其实整个过程还是很煎熬的。从一开始的斗志昂扬，到渐入佳境，再到自我怀疑，最后又经历了最灰暗的煎熬。中间有很多次我感到绝望，问自己是不是应该放弃，怎么想都觉得还是上班最轻松。但是每到这个时候，我心里就有个声音响起："你才刚干了多久啊，再坚持一段时间看看"。

渐渐地，我习惯了每天在家的"慢生活"。这期间的国际认证教练课程，也让我试着"慢下来"，我发现在老师和学员里，我永远是最"急"的那个。于是我开始反思：我为什么要那么"快"呢？

也许是多年在互联网行业工作，已经习惯了快节奏，让我做回自己后反而一下子难以适应。这么多年的高压环境累积下来的习惯，让我一丝一毫都不敢懈怠。做自由职业后，我更加如履薄冰，害怕自己脱离社会，害怕自己落后于别人，每天都快马加鞭地往前赶，却发现一切都被"堵"住了，好像马路上堵车了一样，任凭我怎么鸣笛，都一动不动，只能干着急。我想出新书，但是出版社有出版的流程；我想讲课，但是学员每天都加班到深夜没时间听课；我想专注于新的方向，但合作方想让我讲旧的内容……一切都和我的本意不一样，我就像被关在笼子里的鸟，空有一身力气却无处发挥。

我不禁想：今年真是我最差的一年，我没了工作，想做的事情做不了，只能干耗着。

6月底的一天，我突然想，往年我都会定期总结一下这半年或一年的进展和成果。最近的这一年我的成果是什么呢，我会怎样写我的总结报告呢？

这个时候我才恍然发现，原来最近的一年，居然是我的人生"巅峰"：我在一线互联网公司担任总监，这是我从刚入行的时候就渴望的；我辞职成为自由职业者，这是我最近的梦想；我跨界出版了自己的第一本心灵成长图书，同时邀请到了偶像为我写推荐，实现了我近几年来最大的愿望；我第一本专业书的修订版也要上市了，这本书已经成了我在行业里的标签，影响了数万人；我还和行业内的几个大平台达成了合作……

从那天起我发现，虽然很多事情推进得很慢，但是如果放大到半年、一年这样的时间维度来看，其实硕果累累。我们不应该聚焦于日常工作是否忙碌、充实，而应该相信自己的决定是正确且深远的。我开始喜欢现在的生活：每天可以睡到自然醒，可以自由安排时间，做的任何一件事情都是我喜欢且擅长的，收入不比上班的时候低，还有什么比这更好呢？

是我对没有工作的焦虑、对自己的不自信，扰乱了我对自己的判断。实际上，一切都好好的。同样的处境，只是换个角度去看，结果就截然不同。

我说这些，只是想告诉大家，"自由"的路并不是那么好走，中间会遇到各种艰难险阻，但这些障碍并非来自外界，而是来自我们的内心。

自从我开始慢慢摆正心态、接纳自己，开始感恩一切的时候，好运就逐渐降临了。我陆续接到了邀约和合作，还有让我心动的工作机会。这些机会有的是我之前许下的看似很不靠谱的愿望；有的是我近期刚好想做却一直不知道该如何推进的事情；有的是我已经在筹备但因为现实条件不得不放弃的事情。

通向"自由"之路如同西天取经要历经九九八十一难，途中没有孙悟空、猪八戒、沙僧、白龙马，也没有那么多的妖魔鬼怪，有的只是自己的犹豫、顽固和不自信。人性是复杂的，它包含智慧、勇敢、懒惰、恐惧、责任、贪婪，但"取经"的坚定意念会帮助我们克服艰难险阻，顺利完成任务。

曾经，我为了获得自由选择了做一名自由职业者。经过这半年多的磨炼，我终于明白，自由不等于自由职业，如果你没有过硬的能力、良好的心态，无论是在公司工作还是从事自由职业都无法获得真正的自由。自由不是外在的形式，而是你内在的状态。如果你的内心是自由的，在公司工作也会让你感觉自由，如果你的内心是不自由的，不在公司工作你依然会觉得焦虑不安，无法打破内心的枷锁。

就比如我，无论是上班还是从事自由职业，最后的结果其实没什么区别，都演变成了"稳定"。我发现我并不像那些成功人士一样有用不完的精力和热情。我理想的生活，就是睡到自然醒，然后一个人发发呆，偶尔做点自己喜欢的事情，而且最好每天都不重样。这才是我真正想要的自由，而这种自由无论是上班还是从事自由职业都无法给予我，除非我可以不再焦虑，让自己真正慢下来。

我现在获得了自由吗？我想是的。因为我已经想明白了，形式对于我来说不再重要，况且经过这段经历，我发现上班才是这个世界上最轻松、最具性价比的事情。以前我会号召大家不要把全部希望都寄托在公司的工作上，一定要培养自己"独立发展"的能力，也会鼓励大家做副业或者自由职业。但是现在，当我有了切身的体会后，我想告诫更多的年轻人：珍惜你的工作机会，感恩公司的培养、包容，以及稳定的收入，感谢这个可以帮你遮风挡雨的地方，让你可以不必经受野外求生的艰难。

但有一点我的看法始终没有改变，就是我们依然要挖掘自己的特质、天赋，全方位地发展自己的能力，这样我们才有更多选择，既可以选择稳定，也可以选择挑战，还可以根据自己的喜好随时切换。

除了感谢稳定的工作机会，我当然也非常感谢做自由职业的这段经历，它带给我更多的体验，也让我更了解自己，知道如何更好地走自己想走的路。当我们把所有想走的路都走过一遍，才会知道哪条路是更适合自己的，更应该通过哪条路进行天赋变现。

不管我下一站想要继续探索些什么，我想书中记录的这段经历都可以给很多对人生感到迷茫困惑、纠结是否要做自由职业、不知道该如何经营自己的朋友起到参考作用。况且我有不少学员通过课程的学习，无论是在工作中、副业中还是自由职业方面都取得了长足的进展，这给了我莫大的信心，让我知道这个过程是非常有价值的。

最后祝愿每一个读到这本书的人都能自信、勇敢地追求心中的理想，战胜"心魔"，最终实现内心的自由。